# 技术与教科书发展研究

赵　娜　著

知识产权出版社
全国百佳图书出版单位
——北京——

**图书在版编目（CIP）数据**

技术与教科书发展研究/赵娜著. —北京：知识产权出版社，2024.5
ISBN 978-7-5130-9365-1

Ⅰ．①技… Ⅱ．①赵… Ⅲ．①技术哲学②教材-研究 Ⅳ．①N02②G423.3

中国国家版本馆 CIP 数据核字（2024）第 096040 号

**内容提要**

本书借鉴技术哲学的基本理念和研究路径，探寻教科书与技术相互影响、相互构建的内在关系，论述了技术哲学与教科书研究之间的适切性，为借助技术哲学的理论框架提供依据；详细阐述了促成教科书发展的内在演化机制；借助技术哲学的视域考察教科书发展的动因；利用技术哲学的视域重新审视当下教科书发展中所遇到的困境，重新思考"人—技术—教科书"三者的关系。

本书可供教学研究等相关领域人员阅读参考。

责任编辑：彭喜英　　　　　　　　责任印制：孙婷婷

**技术与教科书发展研究**

赵娜　著

| | | | |
|---|---|---|---|
| 出版发行：知识产权出版社 有限责任公司 | | 网　址：http://www.ipph.cn | |
| 电　话：010 - 82004826 | | http://www.laichushu.com | |
| 社　址：北京市海淀区气象路 50 号院 | | 邮　编：100081 | |
| 责编电话：010 - 82000860 转 8539 | | 责编邮箱：laichushu@ cnipr.com | |
| 发行电话：010 - 82000860 转 8101 | | 发行传真：010 - 82000893 | |
| 印　刷：北京中献拓方科技发展有限公司 | | 经　销：新华书店、各大网上书店及相关专业书店 | |
| 开　本：720mm×1000mm　1/16 | | 印　张：10.5 | |
| 版　次：2024 年 5 月第 1 版 | | 印　次：2024 年 5 月第 1 次印刷 | |
| 字　数：154 千字 | | 定　价：58.00 元 | |

ISBN 978-7-5130-9365-1

前言

随着数字技术的快速发展，教科书变革成为满足新时代教育需求的重要手段。一直以来，对于技术与教科书的研究，主要是探讨教科书如何利用技术改善教科书的内容、评价、课程目标、教学过程、教学方法、教师与学生使用等因素以及各因素之间的关系，虽然这些理论的观点多有不同，但是其思路都是将教科书置于现代技术的背景中，探讨如何在现代技术的赋能下有效提高教科书的教学质量等。不难看出，这些研究遵从了本质主义哲学研究的思路，研究者将实体的教科书予以抽象提炼进行概念运作，以求取教科书的本质，然后认定教科书是现成的恒常存在，无疑这就将"技术"遗落在了教科书的本质之外。但是，剥离了教科书自身所蕴含的所有"技术"，如文字、纸张、图像等，教科书的本质又将从何谈起？

本书借鉴技术哲学的基本理念和研究路径，跳出对教科书本质主义的哲学研究路径，从存在论哲学中探寻教科书与技术相互影响、相互构建的内在关系，并从技术的视角论述推动教科书发展的两大动因：一是外部技术对教科书的技术化；二是"人"的不断被发明对教科书发展的推动作用，即教科书中技术的教育化。然而，正是因为教科书发展中存在两种动因，而且这两种动因都处在技术的"延异"运动中，致使"人""教科书""技术"三者之间在时间性上存在"超前"与"滞后"，以此促成了教科书发展的演化机制，也造成了现今教科书发展中的困境。因此，利用技术哲学的视角重新审视教科书及其问题，能够为教科书发展提供解决问题的新对策。

本研究主要包括以下内容。

第二章和第三章论述了技术哲学与教科书研究之间的适切性，为借助技术哲学的理论框架提供依据。从哲学研究一直以来对技术的排斥以及技术本身的"隐蔽性"和教科书研究中教科书与技术的二元对立思维方式来分析为什么技术哲学在教科书研究中一直被忽略。并进一步，利用技术现象学的理论从教科书发展的历史来看，教科书是无法独立完成其教育功能的，教科书必须借助技术才能完成对人的教育和知识的传递。所以，教科书就是一种"缺陷"存在，而技术作为弥补"缺陷"的"代具"，进入教科书存在本身，形成一种技术与教科书的互构关系，这就是教科书与技术的原初关系，这说明从技术的角度研究教科书是有其适用性的。

第四章详细阐述了促成教科书发展的内在演化机制。利用斯蒂格勒技术哲学中的"延异"观，可以发现由于教科书本身所带来的内部变革需求，以及"技术"在时间和历史上的传承作用，如果"技术"被置于"教科书"之前，那么"教科书"和"技术"在空间上就会产生偏差。这种空间上的偏差会导致时间的延迟。因此，在教科书与技术的互构中，"技术"呈现出一种代具性的超前趋势，而"教科书"则表现出对"技术"的延迟和滞后。因此，"教科书"经常处于对"技术"的超前跟进中。在这个过程中，"教科书"的补缺需求和"技术"的代具性支持作用会导致"技术"的属性与力量向"教科书"转移，"教科书"会受到"技术"的代具性支持和影响，不断地构建和完善其自身的存在。这个跟进过程在存在者的层面上表现为教科书的技术化过程。值得注意的是，"教科书"与"技术"之间的"延异"，既不是"教科书"也不是"技术"，而是二者共同的可能性，是"教科书"和"技术"之间的相互往返运动，是二者的交合。"延异"运动在"教科书"和"技术"之外，并超越二者：在这个共存的相互构建过程中，"延异"使"教科书"与"技术"并列而行，共同构成完整的教科书。

第五章和第六章借助技术哲学的技术视域考察教科书发展的动因。一是以郭文革提出的教育"技术"发展史为分析框架，指出由于教科书内部

"缺陷性"存在的需求而对媒介技术发展进行追随,从而推动了教科书的发展。二是借助斯蒂格勒技术哲学的启示,指出人与"教科书—技术"的相互构建关系,同时,由于"人"的不断被发明而提出了新的教育要求,为满足新的教育要求从而促使教科书发展。

　　第七章和第八章利用技术哲学的视域重新审视当下教科书发展中所遇到的困境。究其原因,一方面来自教科书发展中对新技术的臣服性接受;另一方面则是进入教科书中的技术缺乏教育性的指导,呈现出无序及盲目融合。鉴于此,教科书发展的对策首先是要转变原有的对教科书本质论的理念,而从存在论入手,重新思考"人—技术—教科书"三者的关系;其次是要在教科书发展中坚持教育性,即无论技术如何发展,"育人"是教科书的根本及其发展方针。

# 第一章

## 绪　论

### 第一节　研究背景与意义

随着教学理念的演变和教学方法的创新，教科书作为传授知识和促进学生学习的重要工具，其研究一直是教育学界关注的焦点。历史上，学术界对于教科书的研究涉及内容选择与编排、教科书的文化导向、教科书的使用效果、教科书评价标准等多个维度，但是，信息技术的快速发展促使教科书在内容和形式等方面进行革新以满足数字化时代的需求。因此，从信息技术的视角来理解教科书，它被认为是依托工业时代印刷技术产生的现代教育工具，它与现代学校制度和分科教学形式配套而生，它对人类教育的发展具有不容忽视的影响。纸质教科书作为教育工具产生后，提高了人类传承历史文化以及传播知识的效率，它突破了个体教育的时空限制，加快了个人与社会的发展。

郭文革指出：没有媒介技术就没有人类教育，媒介技术所构成的信息表达和传播交流结构是支撑社会发展以及知识生产的基础设施。❶ 狭义上理解的教科书，或者说现代意义上的教科书，也是我们从媒介技术形式的角度理解的纸质教科书，它得以产生的必要技术条件之一是印刷技术。可是，印刷技术是一种现代工业时代下的基础技术，它是整个时代信息表达和传播的基础，它不仅催生了纸质教科书，还推动了整个现代报纸业和图书业的创生和发展。如果单纯从媒介技术这个角度去理解，纸质教科书只是其中一种印刷形式而已。因此，正是将教科书视为媒介技术的产物之一来理解，才有了每当有新媒介技术产生时，相应概念下的"教科书"就被创造出来的实践。可是，与风风火火的媒介技术赋能教科书的现实相比，在我国教育的实践领域里，现行大部分中小学校甚至大学中使用的教科书还是纸质的，其形式和教科书在几个世纪前出现时基本一致。其实，不仅教科书在与新技术结合方面出现了落后于社会整体技术变革的速度，在整个教育领域，新技术的应用也是"步履蹒跚"。这就不由得让人们开始思考：为什么媒介技术的发展对教育的影响速度远远落后于其他社会领域？

目前，整个社会依托新技术形态已经产生了深刻的变革，新的信息表达和新的知识形式不断冲击着传统权威的地位，正在逐步改变人们的认知方式甚至影响身份认同。教育领域的技术升级迫在眉睫，教科书的技术革新也是众望所归。因此，对于教科书的研究，我们不能仅仅停留在从教科书中读取的"信息"，因为这些"信息"其实可以在同时期的书籍、学报、影视剧或网络等其他形式的传播媒介中看到。所以，教科书的研究有必要正视技术本身，即教科书本身的技术结构，理清教科书与技术在现实中的问题与困惑：作为一种教育工具，我们在谈论技术对教科书影响的时候，对于技术的理解到底是什么？技术作为一种外在于教科书，甚至外在于整个教育领域的力量，我们这种非专业技术人员如何研究与评判技术？如何避免陷入技术乐观主义者和技术悲观主义者的纷争？为了对以上问题进行更加深入的探讨，笔者选择用技术哲学的方法探问教科书的"起源"，找寻

---

❶ 郭文革.媒介技术是推动教育变革的动因[J].教育研究,2018(4).

教科书与技术的原初关系，教科书得以形成的技术构成，不同的技术是否会影响教科书的属性与特征，作为技术工具的教科书的演变历史和机制。这些都是我们在对教科书和技术的理论研究与实践探索中需要明确的。

## 一、研究背景

技术的极大丰富和快速变化是当今世界的最大特征。面对强势的技术发展，显而易见的是科技与现代企业结合促使技术的作用迅速覆盖了全球，因此，与技术对现实世界的激烈变革相比，技术对人本身的影响被隐藏于眼花缭乱的技术发明之中。技术本身是中性的，但它同时又是文化和政治的工具，它关乎人类本身存在的根本问题。

一直以来，每一次技术革新都必然伴随着相应的借助新技术赋能教科书的尝试。从 20 世纪五六十年代开始，依托电子技术产生的带有录音和录像的电子音像教材就应运而生。[1] 21 世纪初，人民教育出版社研发了以 SD 卡承载教材内容的第一代中小学数字教材。[2] 2009 年 5 月，美国加利福尼亚州发起"免费数字教科书计划"。[3] 2010 年 10 月，日本开始在 10 所小学进行电子课本试用；2011 年，韩国颁布"智能教育推进战略"的国家教育政策，宣布将逐步使小学、初中和高中全面使用数字教科书；2012 年，美国政府宣布将在五年内让全美大部分学生使用数字教科书；2013 年，莫斯科有 60 所中学开始使用电子教科书。[4] 近年来，随着信息技术的不断发展，数字教科书已经从具有富媒体性，即与用户的交互性、动态驱动性、实时响应性、适用于移动终端的桌面应用与 Web 应用[5]，发展到融合大数据技

---

❶ 陈桄,黄荣怀.中国基础教育电子教材发展战略研究报告[M].北京:北京师范大学出版社,2013:27-29。

❷ 陈达章.中小学音像电子教材建设中的思考[J].中国电化教育,2000(12):40-42.

❸ 刘翠航.美中小学电子教科书的使用现状及分析——加利福尼亚州电子教科书政策引发的争议[J].课程·教材·教法,2011(4):3.

❹ 赵志明.重新定义教科书[D].长沙:湖南师范大学,2014.

❺ 傅伟.富媒体技术在数字化学习终端上的应用探索[J].远程教育杂志,2011(4):8.

术、VR 技术、人工智能技术的数据化数字教科书以及平台化数字教材的程度❶。

然而，数字革命方兴未艾，以 ChatGPT 为代表的人工智能技术又一次颠覆了教科书研究者的想象。2022 年 11 月 30 日，一家名为 OpenAI 的成立于 2015 年的公司发布了 ChatGPT 的超级 AI 对话模型，它是一种借助复杂的语言统计算法来创造连贯且有意义的文本的人工智能语言生成技术，它不仅可以回应人类的问题和指令，而且可以与人类展开类似于人与人的流畅对话，同时它在不同领域都显示了超强的解决实际问题的能力。有报道称，ChatGPT 通过了美国宾夕法尼亚大学 MBA 课程的期末考试与美国医学执照考试的理论类科目，还通过了谷歌的编程面试。除此之外，ChatGPT 不再是搜索引擎式地罗列网络上的信息内容，而是可以撰写论文和脚本、生成新闻报道、翻译各种语言、创作诗歌和故事，甚至撰写和修改计算机代码、检查程序错误等。ChatGPT 所展示出的强大的人工智能水平使它成为目前 AIGC（Artificial Intelligence Generated Content，人工智能生成内容）的领跑者，作为 AIGC 应用的人工智能技术率先宣告人类已经进入了人工智能时代。❷ 这引起了世界范围内互联网巨头的恐慌，纷纷跟进并加快了自身研发此技术的进程，国外的谷歌、元宇宙（Meta），国内的百度等信息公司纷纷发布关于 ChatGPT 的技术产品。人工智能的发展浪潮之所以可以引发各领域的恐慌，一方面是因为它的技术能力发展速度惊人，从人工智能生成文本类的内容跨越式升级到全面支持多模态输入和输出，仅仅需要几个月的时间；另一方面是这项技术已经可以成功代替人类自身的技术能力。在美国律师执照考试中，ChatGPT-4 已经可以将上一代 ChatGPT 的成绩从倒数10% 提高到前 10%，这水平已经超过了 90% 的人类考生，这就表示 ChatGPT 的智能水平已经呈现出了足以媲美专业人士的水平，它可以替代人去工

❶ 沙沙，余宏亮.我国中小学数字教材的发展历程与技术演进[J].中小学数字化教学,2019(12):4.

❷ 王俊秀.ChatGPT 与人工智能时代:突破、风险与治理[J].东北师大学报（哲学社会科学版),2023(4):19-28.

作，因此，众多著名的 IT 公司进行了大面积的裁员，插画师、普通教师甚至是初级的医疗诊治的医师都在被逐步替代中。ChatGPT 的横空出世似乎宣告了人类已经进入了人工智能时代，社会各界都对其可能引起的新一轮的社会结构变革充满了希望与警惕。在教育领域，学者们围绕以 ChatGPT 为代表的人工智能技术对教育的可能影响已经展开了积极的研究和探讨。

教科书作为教育中最重要的教育工具，对以 ChatGPT 为代表的人工智能技术的影响也不可置若罔闻。但是，技术的快速发展已经令专业的技术研究人员都无法充分地理解与把握，技术对未来发展的影响更是无法确定。在这种技术发展的大背景下，教科书研究一方面不得不重视技术对其的影响，正视技术对教科书内容选择、使用方法以及评价方式的积极影响；另一方面也要警惕新技术对教科书的"绑架"，避免使教科书落入一种技术决定论的研究路径，即认为教科书是单向度地受技术发展控制，必然且应该依靠新技术出现新形式的教科书。笔者发现，以往在讨论技术对教科书发展的影响研究中就长期存在技术视角和教育视角的分歧。技术视角下的教科书关注的是"在教科书中运用的技术"，学者们关注教科书中技术的开发应用和运作模式以及技术的功能和发展趋势等。这些从技术视角出发的教科书研究往往带有强烈的技术决定论色彩，研究者普遍认为技术是变革教科书的必要条件，技术可以为教科书赋能。然而，研究者所指的技术通常是狭义上的科学技术，特别是在教科书研究领域，技术一般指代的是新的信息技术，而很多学者对相关科学技术也停留在浅层次的理解和应用之上，这使新的技术名词不断出现在教科书的研究领域，如电子、数字、数据、富媒体……这就导致了技术逻辑控制下的教科书研究只见技术不见人，缺乏对教育理念和教育中人的主体性的关注。为了克服这种技术至上的问题，很多学者转而从教育的视角去研究教科书，其研究的着眼点在于如何"培养人"，希望利用教育学常见的原则来把握教科书中的技术，强调某些技术对教科书的影响，以及主张技术在教科书中的应用应该满足教育的需要，强调促进学生学习和教师教学是作为教育工具的教科书的基本特征。❶ 然

---

❶ 石鸥,石玉. 论教科书的基本特征[J]. 教育研究,2012,33(4):92-97.

而，教育视角下的教科书研究往往只关注教育意义上的抽象的"人"的概念，它脱离了特定的由技术构建的社会文化背景，也忽视人得以存在和发展的基本技术条件，因而容易走入难以指导实践的形而上的路径。

笔者认为以上两种视角的研究都有一定道理，它们其实已经深刻地揭示出教科书中所蕴含的教育与技术的双重性，没有教育性的教科书与普通书籍无异，而没有技术支持的教科书无法满足现代社会对教育的需求。从社会历史发展的角度不难发现，技术仍然会不断地进步，新技术必然会推动社会各领域的变革。那么，什么技术能使教科书适应新时代的教育发展需求？要回答这一问题，我们就应该理解：什么是技术？传统教科书中到底包含了什么技术？这些技术有哪些教育和教学上的优势？新技术将会给教科书带来哪些变革？新技术为教科书的发展究竟是提供了新的机遇，还是加剧了教科书的消亡？这些问题都是教科书发展过程中不得不面对的，然而，要想回答这些问题，单纯从技术或教育的角度出发都存在一定的局限性，要超越这些视角的局限性，则需要找到一种更深远和更整体的视角将它们综合起来，技术哲学就给我们提供了一个很好的观察视角和探究路径：回到教科书与技术研究的本源，探寻教科书原有的技术优势，关注技术对人的影响，认识人、技术、教育的建构关系，找寻推动教育和教学发展的新教科书发展路径。

## 二、研究意义

本书尝试以技术哲学的理论框架为基础，以教科书所运用的技术与技术对教科书的内容组织、教科书的内容呈现以及对教科书功能的影响为研究对象进行理论分析，具有以下理论价值。

### 1. 丰富了教科书的基本理论研究视域

中国现代著名哲学家冯友兰认为哲学就是对于人生的有系统的反思的思想，哲学的功用就是在于使人成为人。❶ 教科书是完成教育目的的重要工

---

❶　胡军.哲学是什么[M].北京:北京大学出版社,2015.

具，可以说有什么样的教科书，就会培养出什么样的人，因此，教科书必须自觉地反思其中关于人之为人的内容，或者说教科书本身也肩负着让人反思自身的责任。乔治·F. 奈勒曾指出："那些不应用哲学去思考问题的教育工作者必然是肤浅的。一个肤浅的教育工作者，可能是好的教育工作者，也可能是坏的教育工作者——但是好也好得有限，而坏则每况愈下。"❶ 然而长期以来，学者们对教科书的研究主要将视角放在教育学、社会学、心理学三个方面，这固然与哲学本身在现代社会的地位和影响都有所下降有关，也有单纯从哲学角度去讨论教科书很容易陷入不实际且无法指导实践的原因。庆幸的是，从 19 世纪开始，随着科学技术的发展，哲学对技术的关注越来越多，技术哲学作为一种新的哲学视角，将技术与哲学相结合，探讨技术的本质、价值和对人性的影响等问题。技术哲学一方面研究技术的发展和应用对人类生存和认知、人类社会文明和人类文化传统的深远影响；另一方面通过哲学的思考来理解和评价人类本身的社会和文化等对技术发展的影响。因此，针对教科书对人的影响的研究，技术哲学提供了一个很好的研究视角，它建立了人—技术的研究途径：技术的进化发展会对人的认知产生深远的影响，同时人也可以依靠理性对技术进行控制和选择。本研究借鉴技术哲学的视角为教科书找到了一条研究的新路径，丰富了教科书基本理论的研究。

2. 扩展技术哲学的研究视域

已有的技术哲学的相关研究，多数是对现代技术的理论考察，研究技术的本质、技术与人性、技术与政治、技术与教育等方面。近年来，技术哲学对教育、教育技术以及课程与教学的研究日益增长，但是对教科书的研究相对较少。

技术哲学家吴国盛通过对技术演化的系统分析发现，"技术"一词大体包含四个方面的意思：第一，与个人身体和实践相关的技巧、技能、技艺、技法等；第二，体现在行动和做事情之中的方法、手法、途径等；第三，

---

❶ 桑新民. 呼唤新世纪的教育哲学[M].北京:教育科学出版社,1992:3-4.

物化了的工具、设备、设施、装备等；第四，工业技术、工程技术、应用现代科学的现代技术。❶ 从此视角分析，作为一种教育工具的教科书是一种物化了的工具，也就是一种"技术"，而作为"技术"的教科书承担着传播国家主流意识形态和民族文化、促进社会进步和科学发展的重要任务，它不仅关系到教育系统本身的运作，更关系到国家民族未来的兴亡。从这个意义上来说，对于教科书的哲学研究也应该是技术哲学领域里的重要问题。因此，从技术哲学的视角分析、研究教科书是对技术哲学领域的一种扩展。

3. 为教科书的研制提供启示

我们正身处一个"技术时代"，科技已然支配着我们的生活方式，也将引领着人类未来的走向。自 21 世纪以来，我国逐渐步入信息化社会，纸质教科书一统天下的局面被打破，融合了镜像化的纸质教科书内容、图片、音频的电子教科书和嵌入富媒体资源的数字教科书相继出现。教科书的研制如果仅仅从静态的知识存在入手，就很容易陷入一种二元对立的认识论困境，将教科书与技术对立来看是很难分析出教科书与技术的真正关系的，也就无法解决为什么一些技术可以被其他的事物所利用，而技术赋能教科书的效果却大打折扣。面对日新月异的技术创新，哪些技术可以被引入教科书的研制？本研究从技术哲学的视角重新分析教科书与技术的关系，理清教科书中的技术构成，并从技术哲学的视角了解技术如何参与文化与知识的生成，以及技术如何影响文化与知识的传播，以此为教科书的研制提供一定的思考与启示。

## 第二节　文献综述

### 一、教科书内容的相关研究综述

教科书作为传递知识、培养能力、形成价值观的重要媒介，其内容确

---

❶ 吴国盛.技术释义[J].哲学动态,2010(4):86-89.

定必须慎重考量。文本体式与学情是确定教科书内容的两大依据，对教科书内容的适切性及教学效果有深刻影响。

1. 文体样式与学生认知对内容确定的影响

一方面，文本体式是指教科书内容的呈现方式，包括教科书的结构、篇章安排与文体特点，这直接关系到知识的组织与传递，影响学生对知识的理解与吸收。❶ 为了更好地服务于教学目标，教科书应当在版式设计上与课程标准和教学实际相协调。教科书版式设计需紧贴教学内容合理选择，使之在呈现上既丰富多样又清晰有序，为教师提供灵活多变的教学路径。此外，文本体式还应考虑知识的递进性与层次性，使学生在学习过程中能逐步构建知识体系。

另一方面，学情即学生的实际学习情况，包括学生的先备知识水平、认知能力、学习兴趣与学习习惯等。在教科书内容的确定过程中，必须将学生的实际学习情况作为参考依据，确保教科书内容既符合学生的认知发展规律，又能引起学生的兴趣与参与感。石鸥与廖巍强调，在确立教科书内容时，需考虑到有效教学的风险，尤其是内容难度与学生认知水平之间的配合。过度忽视学生的实际学习情况可能会导致教材内容与学生实际能力脱节，进而影响教学效果。❷

2. 教科书内容评价的标准与方法

在进行教科书内容评价时，不同国家和地区存在评价标准的差异。这些标准不仅体现了各自的教育理念，还反映了教科书制作的特定要求和评价方法的多样性。国内外教科书评价标准的特点对比，可以帮助我们更加深入地理解教科书评价的多维度和复杂性。发达国家的教科书评价强调教科书的多元化和科学性，经常采用由专家团队制定的综合评价标准。例如，在美国，"Quality Instructional Materials Tool"被应用于评价教科书，重视教科书对学生的全面发展以及教科书内容的实际应用价值。此外，"Surveys of

❶ 王诚燕,林美霞.文本教学内容确定的实践操作[J].语文新读写,2020(8):1.
❷ 石鸥,廖巍.教科书内容的确立与有效教学的风险[J].湖南师范大学教育科学学报,2015(5):38-44.

Enacted Curriculum"提供了一种教科书和课程对齐的分析模型❶，注重评价教科书是否与教育标准相符。这些标准旨在确保教科书的质量，促进学习者的批判性思维和创新能力的培养。

相比之下，中国的教科书评价体系更加注重教科书内容的系统性和适学性。课程标准和教学目标是确定与评价教学内容的重要依据。教科书习题与课程标准的一致性是教科书评价的重要维度之一。习题设计应与课程标准紧密对接，确保学生通过练习可以达到预期的学习效果。此外，教科书内容偏离课程标准的问题也是中小学教科书评价中需要重点关注的问题。

3. 教科书内容的改革与创新

在当前的教科书内容改革议程中，内容属性的改革与文化选择占据了核心位置。教科书内容属性的改革是推进课程改革的重要环节，它涉及知识的更新、教育理念的转换以及教学方法的创新。而文化选择则反映了教育的方向性和多元化要求，是制定和评价教科书内容的重要依据。教科书内容的属性改革首先涉及知识内容的更新换代。随着社会的发展和科技的进步，知识体系不断演进，教科书内容必须与时俱进。例如，在科学教育领域，新的发现和理论需要及时纳入教科书，如物理教科书需包含量子信息、暗物质等先进概念。❷ 在内容属性改革的过程中，教育理念的变革也非常重要。教科书需要反映出以学生为中心的教育理念，这要求在教科书编写时考虑学生的认知发展阶段、兴趣以及学习需求。这些教育理念的调整不仅体现在知识点的选择上，更体现在教科书的结构、布局及习题设计中，以确保与课程标准的一致性，为学生提供全面而深入的学习体验。❸

文化选择在教科书内容中显得尤为重要。随着全球化的趋势和多元文化的交流，教科书在传承本国文化的同时，还应该涵盖其他文化的有价值

---

❶ 翟志峰,董蓓菲.美国教材评价标准的指标和方法——以《优质教材工具》为例[J].全球教育展望,2019,48(5):91-104.

❷ 陈月茹.教科书内容属性改革研究[D].上海:华东师范大学,2005.

❸ 教科书习题与课程标准一致性的比较研究[D].曲阜:曲阜师范大学,2014.

元素，以培养学生的国际视野和跨文化交际能力。❶ 在选择文化内容时，需要平衡全球化与本土化的需求，既包含普遍的科学原理和道德价值观，又能反映本国的历史特质和文化传统。❷

当前教育领域面临的关键挑战之一是如何在坚持质量的前提下促进教科书内容的多样化和创新。与此同时，教科书的适用性评价成为确保其有效对接课程标准和教学实际的重要手段。多样化的教科书内容意味着包括不同的文化、观点以及与学生实际生活联系紧密的材料。此外，教科书内容的多样化还应考虑学科内部的多维度，如理论与实践、基础知识与前沿探索、本土经验与国际视野之间的平衡。❸

## 二、教科书编写的相关研究综述

### 1. 教科书编写的符号学与传播学研究

在教科书研究领域，对教科书内容的符号学与传播学解读具有重要的理论与实践意义。符号学涉及教科书中符号与意义的建构机制，而传播学则关注这些符号与意义是如何在教育环境中被传递和接受的。王攀峰等在教科书内容分析的类型学研究中提及了文本、图像和表征系统的多层次解读，这为我们深入分析教科书内容提供了一个有力的分析框架。❹ 依据王攀峰等的框架，教科书内容的符号学解读强调了文本和图像在教科书中的符号作用及其潜在意义。文本的符号性质不仅在于其字面的信息传达，还包括了它所构建的语境、隐喻和文化假设。图像的符号功能则表现在通过视觉元素传达信息和价值观。王禧婷与李如密的研究进一步指出，教科书美

---

❶　胡军.发达国家教材评价标准的特点与启示[J].课程·教材·教法,2019:125,138-143.

❷　艾远超.我国台湾地区中小学教科书审定制度研究[D].上海:上海师范大学,2017.

❸　王攀峰,陈洋.教科书研究的内涵、价值与方法[J].首都师范大学学报(社会科学版),2018(9):167-174.

❹　王攀峰,陈洋.教科书研究的内涵、价值与方法[J].首都师范大学学报(社会科学版),2018(9):167-174.

学不仅仅在于审美角度的评价，也是对教科书设计中的符号系统进行理论解读的一种途径。❶ 在他们的研究中，图像与配色方案的选择、版面设计及布局等都被视作传递特定教学目的和价值观的符号体系。

在传播学范畴内强调了在新时代背景下，教科书传播的渠道和方法也应该与时俱进，包括数字化教科书的应用及其对学习者的影响。数字化教科书的兴起改变了传统的纸质教材传播方式，为教学互动、内容更新、资源共享等方面带来了新的机遇与挑战。进一步地，教科书内容的价值观也是传播学研究的一部分，教科书中的价值观可以被构建并通过教学活动传达给学习者。此外，符号学和传播学的结合为教科书研究带来了新的视角，强调了在全球化和多元文化的背景下，教科书内容不仅需要传递知识，还要促进文化的理解和尊重。在教科书内容的符号学与传播学解读中，一个核心的问题是如何确保教科书中的符号能够有效地被学习者解读，并在教学过程中起到应有的作用。这需要我们在教科书设计时不仅重视内容的准确性和适宜性，更应该关注到符号的选择和使用对学习者的潜在影响。

总结前述观点，教科书内容的符号学与传播学解读是一个多维度的复合研究领域，它涉及文本分析、视觉传达、文化建构及教学传播等多个方面。可以看出教科书的编写与设计不仅是知识传递的过程，更是一种文化传播和价值建构的实践。因此，教科书的编写者和设计者需在多学科交叉的视角下进行创作，以期让教科书成为有效传递知识与文化的工具。

### 2. 教科书编写的美学与美育研究

在教科书编写与设计的研究中，美学要素的识别与整合是提升教科书质量与吸引力的关键。王禧婷和李如密探讨了教科书美学的新视野，强调了视觉美感与知识传递相结合的重要性。❷

首先，识别美学要素涉及多维度的考量。教科书内容分析应包括文本、

---

❶ 王禧婷,李如密.教科书美学:教科书研究的新视野[J].课程·教材·教法,2020(2):58-63.

❷ 王禧婷,李如密.教科书美学:教科书研究的新视野[J].课程·教材·教法,2020(2):58-63.

图像及整体布局等类型。针对这些类型，教科书的美学要素不仅停留在文字的排版与选择上，同时也要关注图片、图表的设计质量以及页面布局的整体和谐性。在文本排版方面，需要注意的美学要素包括字体选择、字号大小、行间距及段落布局等，这些元素共同影响文本的阅读体验。● 例如，一个段落过长会导致阅读疲劳，而适当的行间距可以增加文字的可读性。对于图像设计，美学要素的识别则更加复杂。图像不仅要与文本内容相匹配，还需要符合美感，这要求设计师有良好的美术功底和创新意识。图像的色彩选择、构图平衡和视觉焦点都是至关重要的美学因素。页面布局是另一个关键的美学要素，在新时代的教材改革中，页面布局的创新是提升教材吸引力的有力途径。良好的布局不仅能够合理安排文本和图像，还能够在视觉上指引阅读路径，以减少认知负担。❷ 综上所述，教科书的美学要素识别与整合是一个系统工程，其成功的关键在于：一是精确识别并应用教科书中的文本、图像和布局等多种美学要素；二是构建理论模型，整合美学原则、教育理念与心理学研究，以确保美学的实际应用能够有效促进学习者的认知与情感体验。

其次，在教育领域，教科书不仅是传达知识的媒介，也是实践美育的重要工具。美育功能在教科书中的体现与强化可通过整合美感元素和深化美学理论模型构建来实现。"教科书美学"的概念❸旨在探讨教科书如何通过美感设计促进学生的审美培养和美学素养的提升。从这一角度理解，通过内容分析提炼出教科书的美学特征，从而更有效地培养学生的审美和美学批判能力。具体到操作层面，教科书的美学设计借助图表、插图和色彩的巧妙使用，不仅有助于吸引学生的注意力，还能在无形中培育其对美的

---

● 王禧婷,李如密.教科书美学:教科书研究的新视野[J].课程·教材·教法,2020(2):58-63.

❷ 王禧婷,李如密.教科书美学:教科书研究的新视野[J].课程·教材·教法,2020(2):58-63.

❸ 王禧婷,李如密.教科书美学:教科书研究的新视野[J].课程·教材·教法,2020(2):58-63.

感知和鉴赏能力。同时，教科书中美育功能的强化也涉及文化教育的融入。❶教科书作为传承文化的渠道，其内容的设计应当体现出对历史与文化的尊重和反思。这在设计过程中要求编写者融合多元文化，使教科书不仅在提供知识的同时，也要引导学生对不同文化审美标准的理解和认可。有研究进一步指出，教科书价值观的体现是美育功能深层次的反映。在全球化背景下，教科书的编写需要兼顾国际视野与本土文化，这样的综合体现将有助于搭建一座连通全球美学与价值观念的桥梁，加强学生的国际美学理解。❷教科书美育功能的体现与强化是一个多方位、多层次的过程。需要编写者在设计时注重美感元素的整合、文化教育的融入，并不断创新，以适应时代发展的要求。通过这种方式，教科书能够为学生提供一个更加丰富和深层次的美育学习空间，培养他们的审美能力和全面的美学素养。❸

3. 教科书编写中的技术影响研究

教科书的编写与设计正在经历着数字化转型的巨大挑战。这一过程中教科书编写者不仅需维系教科书内容的学术性和教育性，同时还需适应和利用数字技术的发展趋势。在教科书的数字化转型过程中，设计者面临的第一个挑战是教科书内容的数字化表示。传统的文本和图像需要转化为可在线交互的数字资源。这一转变不仅要求对内容进行适当的编码和格式化，更重要的是赋予这些内容以新的教学功能和学习体验。王禧婷与李如密在《教科书美学：教科书研究的新视野》中提出，数字环境下的教科书不仅是文本信息的堆砌，更应关注教科书如何通过设计增强学习者的审美体验和认知吸引力。❹第二个挑战是教科书内容更新的速度。传统的纸质教科书周

❶ 段乔雨.教科书美育价值的遮蔽、澄明与实现[J].现代教育科学,2022(4):130-136.

❷ 段乔雨,李如密.教科书美学的构成维度、功能指向与发展路径[J].内蒙古师范大学学报(教育科学版),2022,35(5):29-35.

❸ 段乔雨,李如密.教科书美学的构成维度、功能指向与发展路径[J].内蒙古师范大学学报(教育科学版),2022,35(5):29-35.

❹ 王禧婷,李如密.教科书美学:教科书研究的新视野[J].课程·教材·教法,2020(3):58-63.

期较长，而数字技术的发展要求教科书内容能够快速响应行业和知识变化，确保教科书的内容与时俱进，这既是教科书编写的重要任务，也是一项重大挑战。第三个挑战是数字教科书的个性化和适应性问题。数字化的教科书必须能够根据学习者的不同需求进行个性化调整，这不仅涉及教学内容的适应性，也包括了教学方式和评估策略的灵活性。

面对这些挑战，教科书编写者正采取创新策略来适应教科书发展的数字化趋势。例如，通过构建互动性强的数字平台，利用多媒体和虚拟实境技术增强教科书的可视化和互动性，提升学习者的沉浸感与学习兴趣。此外，施行内容管理系统以便快速更新教科书内容，以及通过采集学习者反馈的数据进行教科书的个性化优化。

## 三、媒介技术的相关研究综述

随着数字技术的突飞猛进和信息化社会的高速发展，媒介技术作为沟通信息、传播思想、塑造文化的工具，其环境效应日益显著，独特的媒介生态逐渐形成。媒介的环境属性不仅作用于传播内容的生成与交换，而且深刻影响人类的认知结构、社会互动乃至文化价值观的构建。

### 1. 媒介技术的理论发展与概念

媒介环境学作为一个跨学科领域，它的历史演变不仅反映了媒介理论的持续发展，也展现了社会变迁与技术进步相互作用的深刻影响。最初的概念框架起源于对媒介技术与文化环境互动关系的思考，而后演化为一个更为全面的理论体系，致力于解释媒介与人类生活方式之间的复杂联系。❶

在探索媒介环境学的早期历史时，我们经常会被引导回到麦克卢汉的"媒介即信息"这一经典说法，该说法强调了媒介技术本身关于社会变革的预示性。❷ 媒介环境学派着重于分析媒介技术的环境属性及其文化影响，提出媒介既是信息传播的渠道，也是塑造社会和文化环境的重要力量。杜丹

❶ 何道宽.媒介环境学辨析[J].国际新闻界,2007(1):48-51.
❷ 陈世华,陶杰夫.媒介即环境:媒介环境学的理论溯源[J].南昌大学学报(人文社会科学版),2017(3):100-105.

与马亮的研究则从媒介融合这一角度提出了技术融合过程中的媒介特性与其环境的关联。❶ 随着媒介技术的迅猛发展，媒介环境学派逐渐关注到技术本身的话语权以及在塑造文化与认知方面的角色。由此可见，媒介环境学的历史演变是一个不断对现实世界变化进行适应和解释的过程，同时也是对传统媒介理论的批判与超越。

媒介环境学的基本概念与命题的核心是"媒介即环境"，它强调了媒介对人类社会行为和认知的深刻影响。❷ 媒介环境学不仅关注媒体技术本身，还关注这些技术如何塑造人类的感知、经验和社会结构。❸ 媒介环境学派也强调了隐喻表达与隐喻思维的重要性。通过理解媒介的隐喻质量，可以揭示媒介的本质和媒介环境对人类行为的影响。❹ 这种对隐喻分析的重视，进一步加深了对媒介环境学的理解，并且为研究者提供了一种富有洞见的分析工具。

### 2. 媒介环境学的理论发展演变及对其的批评

在媒介环境学的理论探索中，学者们已经认识到理论发展中的多种演变问题。

"媒介环境"作为一个重要的理论概念，在媒介环境学领域内部不断得到演变与拓展。张凌霄在其研究中将媒介环境学的传播学范式坐标作为出发点，强调媒介环境学不仅聚焦于媒介技术自身对社会文化的影响，更广泛地指向了人类交流行为和社会交往模式的转变。❺ 这一扩展不仅基于对传统媒介环境概念的反思，也取决于对新兴媒介现象的吸纳。李明伟和林文刚探讨了传播理论研究中的媒介转向，认为媒介环境研究应关注媒介技术

❶ 杜丹,马亮.从媒介理论看媒介融合的特点[J].西部广播电视,2017(11):9.

❷ 万丽萍."媒介即环境"的核心概念与理论命题[J].传媒观察,2020(2):54-58.

❸ 张凌霄.从理论通式到三个环境——媒介环境学理论体系述评[J].当代传播,2017(6):37-40,63.

❹ 丁松虎.媒介环境学派的隐喻表达与隐喻思维[J].甘肃社会科学,2017(5):40-44.

❺ 张凌霄.从理论通式到三个环境——媒介环境学理论体系述评[J].当代传播,2017(6):37-40,63.

如何助力信息流动和意义生产的"向量",而不应局限于媒介自身的属性研究。❶ 此外,郑燕和陈静对中国媒介环境学的现状进行了系统梳理,指出研究应致力于解析复杂媒介环境下的传播现象,以及对这一过程中的各主体和社会文化的影响。❷ 这些研究共同为"媒介环境"概念的演变与理论整合提供了丰富的视角和理论基础。

在符号学的分析中,符号不仅是一个代表对象或现象的标记,还牵连了一系列文化意义和沟通方式。在媒介环境学的语境下,符号作为一种媒介,促进了信息的传递,并构成了社会交往的基础。因此,符号学提供了一种深入理解媒介环境的方法论,该方法论侧重于如何通过符号的使用和解读来塑造媒介环境。周梦婷探讨了符号学和媒介环境学的关联,提出在媒介环境的分析中,符号不仅是传递信息的工具,更是构建媒介环境社会互动模式的关键要素,即符号学方法论通过对符号的生成、流通和解读过程的研究,为分析媒介文化的结构和功能提供支持,同时这种分析可以揭示出在媒介环境中信息如何被组织、传播和解释,以及这些过程如何影响社会的沟通方式和文化认同。❸

尽管符号学视角为媒介环境提供了深刻的洞察,但还是存在一些批评。首先,符号学方法在处理符号化过程时,可能过分强调媒介对意义的建构作用,而忽视了接受者如何积极地解读和重构符号意义。张凌霄对此提出了疑问,他认为媒介环境学在分析媒介符号效果时不应忽视受众的主体性。在这种批评中,受众不再是被动的接收者,而是能够根据自身的文化背景和社会经验来解释媒介符号的主动参与者。❹ 其次,符号学视角下的媒介环境学批评还指出了符号解读的主观性问题。媒介环境学的研究往往依赖于

❶ 李明伟,林文刚.媒介矢量与传播学理论研究的媒介转向——兼评"媒介环境学译丛"[J].国际新闻界,2022,44(12):156-169.

❷ 郑燕,陈静.中国媒介环境学现状研究[J].东岳论丛,2014,35(4):178-182.

❸ 周梦婷.媒介环境学与符号学:媒介环境的符号视角探析[D].武汉:华中师范大学,2018.

❹ 张凌霄.从理论通式到三个环境——媒介环境学理论体系述评[J].当代传播,2017(6):37-40,63.

个别学者的视角和解释，可能会导致对符号含义的过分主观决断。此外还需要考虑的是，李明伟和林文刚评论指出，符号学视角可能会忽略技术本身的物质性和在媒介结构中的作用，过分集中在符号和文本解析上。❶ 他们主张在媒介环境的研究中加入媒介技术的物质转向，以更全面地理解媒介环境对社会的影响，尤其是在数字媒体时代。

3. 媒介环境理论与技术决定论的对话

技术决定论是一种观点，它强调技术演进的自主性和决定性作用于社会、文化与信息传播的各个方面。在媒介环境学的视野中，技术并不仅是工具或中立的传输媒介，而是塑造人类交流方式与感知世界的基本力量。传统的技术决定论强调技术革新是推动社会历史发展的主要动力，而媒介环境学则认为技术演进对媒介环境的影响可以从几个方面进行审视。首先，媒介技术对信息传播方式的改变。技术的发展，如印刷机、电信、电视和互联网的出现，极大改变了信息的传播速度与规模。更进一步的技术演进，如移动互联网、社交媒体和算法推荐系统，则重塑了信息素养和受众的媒介实践。其次，技术对公共议程的形塑。新媒介技术的应用影响着公共议题的设置与社会意见的形成。搜索引擎和社交平台算法可能放大或者压制特定的信息，进而影响公众对于重要议题的认知和讨论。再次，媒介技术对文化构建的影响。媒介不仅是文化传播的渠道，它本身也参与到了文化符号的构建与重塑中。技术如何影响文化价值观和身份认同的形成是媒介环境学研究的关键议题。最后，还必须关注技术与人类感知的互动。技术改变了人类对于时间和空间的理解，从而影响了社会结构和个体行为模式。媒介环境学对此进行了深入的探索，分析技术如何介入人们的感知与认识过程。❷

通过这些理论审视可以看出，媒介环境学与技术决定论之间的对话并

---

❶ 李明伟,林文刚.媒介矢量与传播学理论研究的媒介转向——兼评"媒介环境学译丛"[J].国际新闻界,2022,44(12):156-169.

❷ 张凌霄.从理论通式到三个环境——媒介环境学理论体系述评[J].当代传播,2017(6):37-40,63.

不是简单的对抗关系，而是一种批判性的互动。媒介环境学家并不完全拒绝技术的影响力，但他们提出了一个更复杂和细致的视角，考量技术、社会和文化之间动态而且多方面的相互作用。媒介环境学通过研究媒介的互动性质和技术环境中人的行动，为理解数字时代的技术演进提供了必要的研究"透镜"。

在探讨媒介环境学与技术决定论时，必须关注媒介环境学对技术决定论观点的回应与冲突点。媒介环境学着重媒介与人类感知、理解及价值观的互动性，而技术决定论则强调技术本身在社会变迁和文化形态中的决定作用。❶ 媒介环境学的核心命题之一就是，媒介不仅是信息传输的工具，更是塑造人类认知框架和社会结构的生态系统。媒介环境学通过对不同媒介系统的功能和影响进行研究，为技术决定论所强调的"技术先行"论调提供了批判性的回应。媒介环境学家认为，技术决定论忽略了文化和社会结构对技术发展的塑造作用，而这种相互作用是媒介环境学关注的重点。例如，在分析电视媒介对社会文化的影响时，媒介环境学不仅研究电视技术本身，还研究观众如何通过电视塑造自己的世界观，以及社会如何在电视的存在下重组其信息传播结构。针对技术决定论提出的观点，媒介环境学家指出，技术发展并非单线性和自主进化，而是在特定的文化与社会语境中演变，并受到多种社会力量（如政治、经济、文化习俗）的塑造和制约。❷ 媒介环境学强调分析具体媒介技术及其环境的动态相互作用，是一个更全面和反思性的研究视角。通过这样的视角，我们可以更好地理解媒介技术如何在实践中被使用，以及人们如何通过媒介来塑造和理解自己所处的世界。另外要提及的是，媒介环境学对技术决定论的回应，也体现在对媒介技术影响力限度的认识上。虽然技术决定论提出技术对社会结构具有重大影响，但媒介环境学指出，这种影响并非一成不变的，因为它可以被

---

❶ 周梦婷.媒介环境学与符号学:媒介环境的符号视角探析[D].武汉:华中师范大学,2018.

❷ 周梦婷.媒介环境学与符号学:媒介环境的符号视角探析[D].武汉:华中师范大学,2018.

媒介使用者的主体性所调整。人类使用媒介的方式不仅是被动接收，更是积极创造性地应用，这种主体性的发挥导致了媒介技术的多元发展路径。

媒介环境学不仅批评技术决定论忽视的社会文化因素，还关注技术如何在特定环境下产生意料之外的社会效应。不同于技术决定论的线性预测模型，媒介环境学摒弃了单向决定的观点，更倾向于研究媒介及其复杂反馈循环，强调了研究者需关注媒介在特定语境下与用户之间的互动、媒介如何塑造社会议程以及用户如何利用媒介来改变自己的生存环境。❶

综合考虑以上因素，媒介环境学提供了一种复合视角，既考虑了技术本身的内在动力，也关注了社会文化的作用力，这种综合分析为理解媒介技术与人类互动提供了深刻见解。此种回应揭示了技术不是社会变化的单一推手，而是在人类行为与社会文化框架之间发挥作用的多维参与者。

在媒介环境学领域中，与符号学和技术决定论的交流互动成为促进学科发展的关键环节。媒介环境学将媒介视作生态系统中的一个组成部分，强调媒介之间的相互作用及其对个体和社会的影响，强调媒介环境不仅局限于技术层面的发展，更应该关注符号的交流方式以及技术对社会结构和文化的塑造。❷ 在这种视角下，技术不只是社会变革的动力，还是在与文化符号系统相互作用中共同进化的。因此，结合符号学和技术决定论，可以为媒介环境学提供一个理解媒介影响的多维度视角。

首先，从符号学的角度来看，媒介不只是传递信息的渠道，它们本身也被赋予了符号化的意义。这意味着媒介并非被动的载体，它们通过特定的表示方式，如图像、文字或声音，构建了一套意义系统。这套系统不仅影响着接收者如何理解信息，更深层次地影响着社会语境中的意义建构。例如，新媒体环境中的模因传播，就是符号学在媒介环境学中应用的一种表现。模因作为文化单位的传播，不仅仅是复制信息，更是一种文化符号的互动和变迁。其次，技术决定论认为媒介的技术属性决定了信息传播的

---

❶ 郑燕,陈静.中国媒介环境学现状研究[J].东岳论丛,2014,35(4):178-182.
❷ 周梦婷.媒介环境学与符号学:媒介环境的符号视角探析[D].武汉:华中师范大学,2018.

途径和效率，从而影响了社会结构与文化形态。例如，互联网技术的发展带来了信息传播速度的提升和空间距离的压缩，进而导致了社会关系的重新组织和文化交流方式的变革。从这个角度出发，研究技术如何塑造媒介环境变得尤为关键。未来的媒介环境学研究应该更多地考虑到新兴技术，如人工智能、虚拟现实等对媒介生态的影响，并探讨这些技术如何改变信息的生产、传播和消费过程。最后，媒介环境学未来的实践操作需要综合考虑符号学和技术决定论的影响。这意味着在分析任何媒介现象时，都不能忽视符号的解读过程和技术的制约因素，因此，研究者应该采取多方法论的研究途径，既包括定性的符号学分析，也包括定量的技术效果衡量。

整体而言，媒介环境学的实践和未来展望需要建立在对媒介作为生态系统一部分的全面理解基础上。通过将符号学的意义解读和技术决定论的社会结构分析相结合，可以创建一个更加完整的理论框架，以指导我们适应和塑造媒介环境的变迁，从而让媒介环境学在解释现代社会变化中发挥更大的理论和实践价值。

## 四、技术哲学的相关研究述评

### 1. 技术本质的研究

在探索技术的本体论基础时，必须认识到技术并不是离开其创造者与使用者而单独存在的实体，它与人的行为、社会结构和文化信念紧密相连。技术的存在根据与身份获取这一议题，对技术哲学研究具有核心意义。我们需要界定技术在哲学层面的"存在"含义，从而为探讨技术的本质提供基础。周昌忠评述了技术哲学的本质如何映射现代社会的特点，认为技术的存在不只是其物质形态，也是与时代背景、人类文明进步相伴随的现象。❶ 科学的技术本质是技术发展依赖科学理论和实验方法的进步，这一观点论证了技术的存在是在科学理论指导下形成与演变的。毛萍则倾向于海

---

❶　周昌忠.试论科学和技术的历史形态——从哲学和文化的观点看[J].自然辩证法研究,2003(6):74-79.

德格尔的理论，强调了"技术展现"概念，将技术视为存在的一种方式。❶
从海德格尔的视角来看，技术的身份和存在根据并非传统实用主义的工具
理念，而是一种"揭示"，即"技术展现"是世界与人的关系中的一种揭示
方式。肖峰对技术存在论的问题展开讨论，分析了技术存在的多样性和技
术作为一种文化现象的意义。❷ 进一步，李永红在关于技术实践本性的思考
中揭示了技术实践中的本质特征，指出了技术存在的实践性质，即技术是
通过实践活动实现其存在。此时，技术的身份获取便与其实践本性紧密关
联起来。技术的存在方式由盛国荣进一步阐述，他给出了一个新的理解技
术的视角——技术作为人与世界互动的介质，其存在获得了新的身份。❸ 刘
文海和朱仲蔚分别讨论了技术的本质特征和现代科学发展与技术的本质之
间的联系，均强调了技术的存在不仅受到科学进步的影响，还涵盖了文化
和社会层面的深刻含义。

在综合上述研究成果之后，我们可以看到，技术的存在根据与身份获
取是一个复杂的哲学问题，涉及利用、实践、展现、介质等多个维度，不
仅要关注技术自身的物质和结构，还要考虑技术与人类生活的相互作用以
及随着时间演化的动态过程。

### 2. 技术物的内在逻辑与实践性质

在探讨技术物的内在逻辑与实践性质时，我们首先须明晰技术物本身
所蕴含的种种特性。技术实践的本性是无法脱离技术物内在逻辑探讨的。
技术实践的本性体现为人的目的性与合理性的统一，在这个过程中，技术
物不只是被动受到人类操纵的对象，它们也影响和改变了人的行为与思
维。❹ 技术物在实践中的功能性和目的性进一步促进了技术的社会化和人格

❶ 毛萍.从存在之思到"技术展现"——论海德格尔技术理论的本体论关联[J].科
学技术与辩证法,2004(3):89-92.

❷ 肖峰.信息文明的本体论建构[J].哲学分析,2017,8(4):4-17,198.

❸ 盛国荣.技术思想史:一个值得关注的技术哲学研究领域[J].自然辩证法研究,
2010,26(11):19-25.

❹ 盛国荣.技术物:思考消费社会中技术和技术问题的出发点——鲍德里亚早期技
术哲学思想研究[J].科学技术哲学研究,2010,27(5):66-71.

化，映射出技术物的实践性质，即其在现实中的应用和运作。具体来说，技术物的实践性质涉及其与人类活动相互作用的多维度特征，这包括技术物的设计、制造、使用以及在社会结构中的嵌入等方面。由此可以看出，技术物的内在逻辑与实践性质密不可分，它们相互影响、相互作用。技术物的实践性依靠其内在的逻辑体系来实现，而该逻辑体系则基于人类对自然界和自身需要理解的深层次认知。

总结以上所述，技术物的内在逻辑与实践性质是一个多维的互动过程，它涉及认知、价值、社会等多个层面。技术哲学的深入研究对于揭示这一互动关系具有重要意义，不仅有助于我们更全面地理解技术物的复杂本质，也有助于我们更好地应对现代技术带来的挑战和机遇。

### 3. 技术哲学的本体论框架

在哲学的视域内，对技术本质的探讨不仅是一个历史悠久且深奥复杂的议题，同时也是技术哲学探求自我认知的核心问题。海德格尔在其思辨中将技术视作一种"存在方式"，他指出技术并非单纯的仪器或工具，而是一种自我展现的方式，这种展现使世界以及世界中的事物得以出现。[1] 从这样的本体论框架出发，我们可以看出海德格尔试图揭示的是技术如何塑造我们对世界的理解和处世的方式，而不仅是技术实物本身的研究。马克思和海德格尔的技术存在论思想提出不同维度的关注点。马克思关注技术如何影响社会结构和人的实践，特别是它如何塑造劳动以及劳动对人的异化效果。而海德格尔则重点分析技术如何改变事物的出现方式和我们对事物的认知框架。[2] 这两种视角共同为理解技术的本质和其发展对人类社会的深远影响提供了哲学反思的路径。技术的哲学本质问题还包括对技术内在特性的哲学思考，如陈昌曙等在其研究中指出技术作为一种文化现象，其发展和作用必然与人类的文化价值观念紧密相连。[3] 技术不但激发了新的文化

---

[1] 吴国盛. 技术哲学讲演录[M]. 北京:中国人民大学出版社,2016.

[2] 吴国盛. 技术哲学讲演录[M]. 北京:中国人民大学出版社,2016.

[3] 陈昌曙,王前. 关于技术哲学的五个问题[J]. 哲学分析,2010,1(4):168-170,192.

形式，也推动了新的社会变革，从而证明了技术在塑造文化和社会方面的重要性。

总的来说，技术哲学的本体论探讨不断挑战我们对技术本质的传统认知，引导我们从不同的维度去深入反思技术与人类文明之间复杂而微妙的关系。这种对技术哲学本质的理论性探索不停地推动着技术哲学作为一门学科的不断发展和深化。

### 4. 技术哲学的历史发展

技术哲学历经数十年的发展，从早期关注技术实体本身逐渐转向对技术与社会、人类生活间相互关系的探讨。在技术哲学发展的早期阶段，学者们通常关注技术对象作为一种实体的性质和本质特征。李三虎等在对技术哲学发展进行梳理时指出，技术在早期被视为具有固定属性的实体，研究重点放在分析技术实体的结构、功能和操作规则上。这种实体理论的观点在孟宪俊的研究中得到了凸显，其提出：技术是由材料、能量与信息三大要素组成的复杂实体，并侧重从功能主义的视角考察技术的理性与效率。❶ 然而，随着科技的快速发展和社会对技术的依赖日益加深，技术不再被简单视为孤立的实体。夏保华等特别提出，技术的发展与人类社会的进步是相互交织的，技术不仅是实物工具，还包括与技术相关的知识体系、操作程序、文化价值等间性要素。❷ 技术的实践活动和技术的社会构建逐渐成为技术哲学研究的新焦点。具体来说，技术不是独立的存在，而是在与人类实践过程中相互作用、相互塑造的实践活动，这种相互作用的过程恰恰凸显了技术的间性特质。由此可见，技术不仅是物化了的工具，还是人们行动模式和心智活动的外在化。同样，社会—技术间性也逐渐成为学界关注的重点。技术与社会结构、文化传统和价值观念间存在深度互动关系，技术的发展既受社会需求和文化影响，同时也能反作用于社会，形成新的社会结构和文化形态。在此视角下，技术哲学的研究重心从单纯分析技术

---

❶ 李三虎,赵万里.社会建构论与技术哲学[J].自然辩证法研究,2000(9):27-31,37.

❷ 贾浩然,夏保华.论技术哲学的价值论转向:背景、进路与挑战[J].自然辩证法研究,2020,36(9):31-37.

本身，转为探讨技术、社会及其互动方式。随着研究视角的转变，技术哲学的教育意义也随之发生变化。❶ 李家新与连进军在研究中指出，技术教育不仅要传授技术操作的知识技能，更需要培养学生对技术与社会、文化、伦理等多维度关系的深刻理解。他们强调，技术哲学教育应当倡导批判性思维，鼓励学生审视技术对社会的影响，进而参与到更负责任的技术实践活动中。❷

除此之外，早在 20 世纪末期，研究人员就开始关注技术哲学和技术史之间的互动。高达声指出，技术哲学提供了一种理论视角来审视技术的发展脉络，而技术史为技术哲学的理论假设提供了实证基础。❸ 这一视角的确立对于理解技术的社会构建以及技术变迁的哲学意义具有深远影响。通过对技术哲学和技术史的交融分析，可以看到它们之间存在复杂而微妙的关联。在技术哲学的框架下，技术史被解读为一系列技术实践和技术变革的历史记录，而这些记录本身又被哲学理念所渗透。孟宪俊提出，技术哲学不仅要关注技术本体的哲学问题，还要关注技术在历史进程中的变迁与发展❹，这一点在技术史的研究中得到了体现。随着时间的推移，对技术哲学的研究逐渐转向对技术的现象学及其在现代社会中所扮演的角色分析。因此，技术史作为一种文化史，记录了人类社会对技术的理解和应用，这对技术哲学的研究提供了丰富的文化语境。技术哲学的发展历程不是孤立的，它与技术的实际发展紧密相连。技术史提供了证据来支持或否定技术哲学中的理论观点，因此技术哲学在研究方法上也应当借助技术史的实证研究来验证其理论假设。

当我们关注技术的本质、技术知识的构成以及技术实践的意义时，技术哲学从实体理论逐渐走向间性理论的转变也反映了对技术史关注的转变。

---

❶ 贾浩然，夏保华. 论技术哲学的价值论转向：背景、进路与挑战[J]. 自然辩证法研究，2020，36(9)：31-37.

❷ 李家新，连进军. 应用技术本科：技术哲学的反思与解读[J]. 福建师范大学学报(哲学社会科学版)，2015(1)：132-137，170-171.

❸ 高达声. 技术哲学与技术史[J]. 自然辩证法研究，1990(5)：15-24.

❹ 孟宪俊. 技术哲学的历史和发展[J]. 哲学动态，1992(11)：35.

在这种转变中，技术不再被简单看作工具或设备，而是被视为一种介于人类文化和社会实践之间的中介。进一步地，陈昌曙和陈红兵在《技术哲学基础研究的 35 个问题》一文中提出了一系列问题，这些问题涉及技术的定义、技术与科学的关系、技术进步的本质等核心议题，这些问题的探究实质上也需要依靠技术史的具体分析。技术史的研究不仅记录了技术的发展轨迹，而且提供了一种理解技术变革的理性视角。

综上所述，技术哲学与技术史的关系呈现出深层次的交织，既有理论导向性，也有实证分析性，二者是相辅相成的，技术哲学的理论探讨离不开技术史的发展实例，反之亦然。只有理解了这种互联，技术哲学研究才能更加深入和全面。

## 五、对已有研究的分析

通过对教科书相关文献的研究，笔者发现，教科书作为传递知识和文化的重要载体，学术界对其的研究焦点聚集在教科书内容的确定与评价、教科书使用的实践研究和教科书的编写与设计研究三大领域。在教科书的内容确定与评价方面，文献集中在内容的有效选择与教学内容一致性、多元文化的融入以及评价体系的构建等问题上；教科书使用的实践研究关注教科书的适切性、使用效果与对教学策略的影响；教科书的编写与设计研究则着眼于教科书建设的创新与教科书价值观的内涵。通过对这些文献的分析可以看出，有效的教科书内容确定与评价不仅取决于教学内容与课程标准的匹配度，还涉及文化元素的融入和评价标准的国际化。教科书的实际应用效果受教师教育理念、课程标准和学生需求的共同制约。教科书的编写与设计则需要更多地关注教育改革背景下的创新需求和科学性、人文性的平衡。

然而，这样的研究只注重从教科书中读取的"信息"，而忽略了这些"信息"的载体，即教科书本身的书籍形态和文本体裁。我们可以把教科书中承载的"信息"视为一种精神"食粮"，而"食材"的新鲜度、营养成分等都直接影响着一个人的精神健康，但是，营养学也同样指出，"吃什么"和"怎么吃"一样重要，甚至"怎么吃"已经成为影响现代人健康的首要因素。因此，对于教科书研究，我们不能一直只关注教科书的"食材"，即教科书的内容及相关信息，而忽视了对于这些"食材"的做法，即教科书的内容该以何种媒介（技术）来呈现，也就是"怎么吃"的问题。

媒介环境学就是专门针对信息载体研究的理论，媒介环境学根植于对媒介技术和传播方式不断演化对人类社会环境造成影响的深入理解。媒介环境学的奠基人马歇尔·麦克卢汉（Marshall McLuhan）有一句著名的话，"媒介即讯息"，这句话体现了他对技术在塑造媒介环境中角色的深刻理解，也代表整个媒介环境学的核心理论观点。除此之外，媒介环境学学者认为媒介本身对媒介所承载的内容具有偏向性的影响，媒介环境学派的哈罗德·伊尼斯、马歇尔·麦克卢汉、尼尔·波斯曼等学者都曾发表过相关论著，麦克卢汉指出，媒介即信息，真正有意义的信息并不是各个时代的媒介所揭示给人们的内容，而是媒介本身。❶ 随着数字技术的突飞猛进和信息化社会的高速发展，媒介作为沟通信息、传播思想、塑造文化的工具，其环境效应日益显著，独特的媒介生态逐渐形成。媒介的环境属性不仅作用于传播内容的生成与交换，而且深刻影响人类的认知结构、社会互动乃至文化价值观的构建。当前，关于媒介环境学的研究已经取得了一定的进展，对媒介与文化、社会、技术等领域的交互作用有了较全面的探讨。

然而，媒介环境学尚存在不足之处，尤其在理论体系的建构、方法论的创新以及实证研究的深度与广度上。学界对媒介环境学的定义、核心概念的解读仍有一定的分歧，缺乏统一且系统的理论框架。例如，媒介环境学派对"媒介""媒介环境"的概念及理论框架并没有达成共识，尼尔·波斯曼一生都致力于恢复以文字为核心的文化形式，认为以电为基础技术产生的新媒介催生了技术对文化的垄断，形成了"娱乐至死"的社会风气。❷ 可是，麦克卢汉作为尼尔·波斯曼的老师，与其产生了完全相反的结论，

---

❶ 马歇尔·麦克卢汉.理解媒介:论人的延伸[M].何道宽,译.南京:译林出版社,2019.

❷ 尼尔·波斯曼.技术垄断[M].何道宽,译.北京:中信出版社,2019.

麦克卢汉是典型的技术乐观派，他早在 20 世纪中叶就预言新媒介技术会使全世界形成一个"地球村"，苏格拉底时期绚烂的"口语文化"将再度盛行。除此之外，第三代媒介环境学的代表人物保罗·莱文森延续了麦克卢汉的研究思路，提出了"媒介进化论"的概念，完美发展了麦克卢汉的理论，他明确指出，媒介是发展的，是按照人的需要不断进化的。❶ 莱文森的理论揭示了媒介在一定程度上只不过是人类各种器官功能的外化。至此，媒介环境学的研究逐渐与技术哲学的研究相重叠，从人的角度重新认识媒介，并以人与媒介技术的关系为逻辑起点去探寻媒介技术的发展。

所以，笔者对技术哲学的相关研究进行了分析，认为技术哲学为技术与人的关系的研究提供了一套完成的理论框架，即技术本体论提到的技术是人的延伸，其研究的起点就是技术与人的双向建构的关系；技术哲学与技术史的关系呈现出深层次的交织，既有理论导向性，也有实证分析性，二者是相辅相成的。技术哲学的理论探讨离不开技术史的发展实例，反之亦然。

在教科书的研究中，研究者始终将对人的关注放在最核心的位置，一个教科书研究的基本共识就是教科书的理论与实践中不能没有人，教科书的开发与使用的核心是人，教科书是育人的工具。可正因如此，一直以来的研究习惯从人之外去看教科书（工具），教科书与人形成一种他者的关系。这种研究思路帮助研究者发现教科书的发展中的技术因素的影响，却也使研究者陷入了对技术的悲观与乐观的徘徊之中，如何利用技术发展教科书？同时，又该如何抵抗技术对教科书的影响？在教科书与技术的纠缠中，人又该被放在什么位置？是被动抵抗，还是主动选择？针对这些问题，技术哲学恰恰提供了一个以人为核心的研究框架，将人、技术、教科书放在一个建构的过程中去看，能够更好地分析教科书与技术在发展过程中形成的问题，也能为教科书以人为本的发展理念提供切实支持。

---

❶ 保罗·莱文森. 人类历程回放:媒介进行论[M]. 郭建中，译. 重庆:西南师范大学出版社,2017.

## 第三节　概念界定

### 一、教科书发展

要弄清教科书发展的概念，首先要解释什么是教科书和什么是发展。

《现代汉语词典》认为：教科书是"按照教学大纲编写的为学生上课和复习用的书"。《教科大词典》将教科书定义为"课本""教本"，是"根据各学科教学大纲（或课程标准）编写的教学用书"。教材的主体是师生教学的主要材料，考核教学成绩的主要依据，学生课外扩大知识领域的重要基础。这种现代意义上的教科书产生于百年之前，其间还在不断发展与创新中，教育学界也对教科书的概念作出了独特的解读与界定。

有学者指出，教科书是一种具有特定意义、特定目标的书籍，在内容和形式等方面要适应教学需要；教科书是根据某一或某些标准（如课程标准或教学大纲）编定的、系统反映学科内容、供教学使用并成为教学的依据的教学用书。[1]

有学者强调教科书的载体形式，认为教科书就是一种印刷品[2]，是为学生的学和教师的教所设计的准官方、准法定的文本[3]。也就是说，教科书是现代意义上根据教学或课程计划按学科课程分门别类进行编写使用的书籍。

也有学者强调教科书的功能性，认为教科书可以用来促进国家意志、民族文化、社会进步和科学发展[4]；是传承社会文化最主要也最有效的"工具"，教科书通过选取或空无的手段对文化进行甄选，使之成为经典，再经

---

[1]　石鸥.教科书概论[M].广州:广东教育出版社,2019.

[2]　热切尔,罗日叶.为了学习的教科书:编写、评估、使用[M].上海:华东师范大学出版社,2009:34.

[3]　石鸥.教科书概论[M].广州:广东教育出版社,2019.

[4]　石鸥,石玉.论教科书的基本特征[J].教育研究,2012(4):92-97.

过巩固后传递下去，逐渐成为文化标准❶。

以上这些概念本质上并无特别大的差异，虽然侧重点不同，但都强调教科书的"标准性"与"教学性"，将教科书视为以课程标准为编写依据的教学文本。本研究尝试在存在论层面上认识和理解教科书，从存在论来解释"存在"与"存在者"是不同的，"存在"不是"存在者"。"存在"不是说存在的事物、具体的某种东西，而是说"存在着"，即某物存在是说某物存在着，是说某物存在着的状态或某物显现的方式。因此，教科书是根据教育教学需要，能够系统地去组织教育内容的教学工具，并因不同的技术条件而呈现出不同的具体形态。

何谓发展？从词源学的角度分析，"发展"这个词汇起源于拉丁语中的"expandere"，它由"ex"（代表外向的）和"pandere（代表展开）两个部分构成。因此，"发展"这个词语的原始含义并不是单一的，而是包含了由内的向外扩展和自身膨胀展开两个层面。因此，"发展"这个概念可以进一步延伸到事物自身的演变和进步，也就是指事物在生发、改变、进步和演变过程中的表现。

综上所述，教科书发展这一概念应蕴含着教科书的横向的发展，即教科书由内向外的扩展运动，以及教科书的纵向的发展，即教科书自我的膨胀。

## 二、技术

从词源学上追溯，西方的"技术"一词，无论是德文中的 technik、法语中的 technique，还是英语的 technique（technology），它们的词根都是来源于古希腊语中的 techne，其含义既包括了智能层面的方法、手段、技巧和技能等，还包括了物质层面的工具、器具、设施和设备等❷。古汉语中的"技术"一词原本是没有合起来使用的，其中的"技"可以指工匠，也泛指与

---

❶ 石鸥.弦诵之声——百年中国教科书的文化使命[M].长沙:湖南教育出版社, 2019.

❷ 叶晓玲.技术"进入"教育的言与思[D].南京:南京师范大学,2013.

主体相分离的技艺、技能或技巧；"术"则包含了方法、策略、手段和谋略等意思。我国技术哲学家吴国盛通过对技术演化的系统分析发现，"技术"一词大体包含四个方面的意思：第一，与个人身体和实践相关的技巧、技能、技艺、技法等；第二，体现在行动和做事情之中的方法、手法、途径等；第三，物化了的工具、设备、设施、装备等；第四，工业技术、工程技术、应用现代科学的现代技术。技术与人性的相互塑造。❶

从哲学角度分析，技术具有超社会、超历史的本质。我国技术哲学家吴国盛分析认为技术是"作为存在论差异"，从物的层面分析，人工物可以理解为一种自然物，抽掉自然物后，人工物也就没什么了，因而技术就是抽掉自然物之后的"无"，就是那个"现象学的剩余者"，也就是"在起来"的能力的保持者，这个能力被海德格尔阐释为"技术"，人作为一种尚未完成的东西，必须通过技术的方式而保持一种"是"的能力。❷

本研究借助哲学的技术理解，认为技术是让教科书得以存在的技术形式，换言之，技术只有进入教科书"存在"，才能形成教科书的"存在者"。技术就是抽掉教科书之后的"无"，就是那个"现象学的剩余者"，是使教科书发展呈现不同运动形式的关键所在。

# 第四节 研究视角与理论基础

## 一、研究视角

### 1. 技术哲学研究视角概述

《大辞海·哲学卷》明确提到技术哲学是一个专注于技术研究的哲学观点，它以技术为核心，对技术进行深入的哲学分析，主要从人与自然的互动关系出发，探讨技术的本质和特性，深入分析技术的各个组成部分和它

---

❶ 吴国盛.技术哲学讲演录[M].北京:中国人民大学出版社,2016.
❷ 吴国盛.技术哲学讲演录[M].北京:中国人民大学出版社,2016.

们之间的联系，揭示技术进步背后的驱动机制，并研究技术发明和创新的方法学问题。

1927 年，海德格尔在《存在与时间》里第一次在现代语境中使用了"技术哲学"一词，他认为我们与一个世界或经验世界的最初关系并不是概念上的，而是行为上的，这些切身关系体现于日常活动。[1] 从海德格尔的论述中可知，哲学开始关注人们直接的经验，也可以理解为胡塞尔所说的现象。几十年后，海德格尔在《技术的追问》的论文中提出在本体论上，技术领先于科学。他还指出一个现实环境隐含着某种世界，在这种世界里，人们必须以特定的方式去思考所有时期。[2] 而这种特定的方式就是技术，海德格尔认为技术是一个系统地看世界的方式，并提出了整个世界是一个由技术构成的座驾的隐喻。[3] 到 20 世纪中期，由于技术给人类文明发展造成的各种问题，人们对技术的反思成为主导性课题，世界各国的学者纷纷从追问"什么是技术"出发去重新反思我们今天最切身、最日常的东西，技术哲学最终成为指引我们面对这个时代的实际处境的一种视角。

由上述关于技术哲学的概念分析不难发现，技术哲学是一个从追问"技术是什么"出发的讨论空间，它用技术视角去反思日常事物。因此，本研究将技术哲学定义为一种研究视角，一种从技术的角度看事物的方式。

## 2. 选择该研究视角的缘由

### (1) 教科书的"工具"性提供了用技术哲学视角分析的可能

在目前国内外教科书领域的研究中，教科书的"工具"性是一个基本共识，教科书可以被当作达成一定目的而使用的工具；同时，教科书得以被使用依赖一定的物质技术载体。而技术哲学的出发点就是对技术的一种追问，教科书是工具，可以被理解为一种物化了的技术实体，除此之外，构成教科书的文本、图像、多媒体等基本要素都是包含在技术范畴之内的，因此，用技术哲学的视角去分析教科书是适切的。

---

[1] 唐·伊德.技术哲学导论[M].上海:上海大学出版社,2017.
[2] 马丁·海德格尔.存在与时间[M].北京:商务印书馆,2018.
[3] 马丁·海德格尔.演讲与论文集[M].北京:商务印书馆,2020.

（2）对教科书的"工具"性理解的片面性使技术哲学的分析尤为迫切

无论是西方的哲学还是中国的文化传统，可以发现对技术的关注并不是自古就有的，但是由于在过去的近五个世纪中，人类文明因为技术的发展被提升到了前所未有的高度，同时因使用技术而给人类生存带来了毁灭性的危机，现代技术的逻辑越来越显露出一种尼采所提出的权力意志或求力意志，这种现代技术的逻辑的后果是使人类向自然不断开战，向自身不断索取，导致人和自然、人和人的关系不断恶化，人类的生存处境危机四伏。从 20 世纪后期开始，越来越多的学者开始以批判性的眼光看待技术的发展，提出要从人的视角重新审视技术、规范技术伦理、维护人的尊严与生存。毋庸置疑的是教科书的发展必须依靠技术，但是对技术的使用，我们必须找到一种合适的方式去反思与限制，鉴于教科书在中国的使用人数之众、效率之高，对教科书的技术反思已经到了刻不容缓的地步，否则，当我们真正意识到危机时，可能为时已晚。

3. 选择该视角存在的不足及其修正策略

技术哲学的视角是一种思考的方式，它所涉及的技术范畴十分宽广，所以在用此视角分析教科书的过程中很难将教科书中涉及的所有技术全部梳理清晰，同时也无法将教科书的性质与技术本身的性质之间的影响解释清楚。因此，笔者通过技术哲学史来理清教科书中用来承载知识及思想文化的技术类型，然后将教科书这一由一系列技术元素组成的技术族群（"工具"）与一定的社会—历史环境（社会技术）进行分析，以此来弥补技术哲学视角的不足。

## 二、理论基础

### 1. 斯蒂格勒技术哲学现象学理论

贝尔纳·斯蒂格勒是法国著名技术哲学家，他师承德里达并著有三卷本的《技术与时间》，是其技术哲学和批判理论的奠基之作，斯蒂格勒在书中从现象学立场出发提出技术哲学视野中的人性结构理论、后种系生成记忆理论、技术药理学理论。

（1）斯蒂格勒提出"人—技术"的人性结构理论

自古希腊哲学之始，对于人的思考就从未停止，到了启蒙时期，卢梭就敏锐地察觉到由近代理性主义开启的人类文明其实是一种对人的自由的剥夺，他批判科技的进步，呼吁人们关注人类自身的美德。后来的尼采、马克思、马尔库塞、阿多诺及哈贝马斯等都从对人的思考出发深刻地讨论了技术的问题，他们认为随着现代技术的诞生和发展，出现了技术力量的倒置，现代技术似乎已经具备主宰人类命运和自然发展的力量。海德格尔则是从哲学的角度分析认为技术才是哲学研究的核心位置，应从存在、时间与技术之间的关系入手去理解人与世界，在《存在与时间》中，海德格尔从存在论出发界定技术，指出思想的可能性在于把存在和时间放在技术座驾中进行思考。面对技术对人的重大影响，大部分学者停留在批判理论的语境中，而斯蒂格勒并没有延续技术悲观主义的研究路线，他认为如果我们只停留在对传统的技术批判理论语境中，将会痛失与批判对象进行对话的机会，而只有反思"人与技术的关系"，才能找到"如何消除工具理性的负面影响"的答案。因此，斯蒂格勒从人的起源出发重新阐释了技术的意涵，以"独立于技术的人性何以可能"为起点展开了对技术的哲学思考，他指出人是后种系生成的物种，人的本质就是没有本质。借助海德格尔提出的"存在问题"及其分析性结构，"技术现象"内在地包含一个"此在—非此在"结构，即"谁—什么"（人—技术）结构，在这个结构中，由于"此在"或"谁"的"在世存在"，使得"人"和"技术"彼此内在于对方之中，它们相互规定，融为一体。❶斯蒂格勒将"此在"的时间性存在方式理解为技术性，在他看来人是作为"人—技术"的"存在"，因为人是"缺陷存在"，所以它被迫要求作为"代具"的技术来补充，以便使自己得以"存在"或使人性得以完善。斯蒂格勒还同时吸收西蒙栋和吉尔的技术哲学理论和勒鲁瓦·古兰的人类学思想，以人与技术的关系为问题域，赋予技术以本体论地位。在斯蒂格勒看来，由于人类的起源是伴随着"偏离"、伴随着技术（"代具"）的"补偿"而开始其后天的"实际性"生

---

❶ 马丁·海德格尔.存在与时间[M].北京:商务印书馆,2018.

活，从而开始了人类时间性、历史性的旅程，因此，我们有必要从技术这一"代具"入手来破解时间—历史的问题，他揭出，"通过'代具'的概念，我们要说明两个方面的含义：放在前面，或者说空间化（即偏离）；提前放置，即已经存在（过去存在）和超前（预见），也就是时间化"❶。因此，人的存在的时间—历史性是从人的"人—技术"结构的不断"偏离"所导致的不断空间化和由不断"超前"所导致的空间化的不断时间化中体现出来的，从而人类在技术的补余作用下得以生成，人在发明工具的同时借助技术实现其外在化过程，从而实现人的自我发明。❷

（2）后种系生成记忆

从作为对人进行功能补余的存在这个认识出发，技术就成了人的一切外在化的过程，人的思想、意愿、能力和智慧等特质都需要借助语言、知识、信仰、意识以及记忆等外在化过程得以实现，斯蒂格勒将其成为"生命的分化和外延"，在这一过程中，技术通过整理人的记忆来重构人的过去、借助重塑时空范畴来管理人的未来。❸

斯蒂格勒从生物学和人类学的意义上将人类的记忆分为三种形式：遗传记忆、神经记忆、技术的记忆。其中借助语言等技术对信息、经验和知识进行归纳和积累的记忆成为"后种系生成记忆"，由于技术的介入，这种记忆形态具备独立于个体经验的动力，造成记忆与个体感知、行为与经验的分离，在生命机体与其所处环境之间生成一种关系。斯蒂格勒将这种关系视作载体的物质实体，称为第三记忆，是区别于胡塞尔的第一记忆（原始滞留）和第二记忆（次级回忆）的。换言之，第三记忆是指在记忆术机制中，对记忆的滞留的物质性记录，这种外在化的物质性记录首先表现为语言和文字。斯蒂格勒指出："工具是一种真正的无生命而又生命化的记忆，它是定义人类机体必不可少的有机化的无机物。"❹ 人类的记忆是有限

❶ 贝尔纳·斯蒂格勒. 技术与时间 1[M]. 裴程，译. 南京：译林出版社，2019.
❷ 贝尔纳·斯蒂格勒. 技术与时间 1[M]. 裴程，译. 南京：译林出版社，2019.
❸ 贝尔纳·斯蒂格勒. 技术与时间 1[M]. 裴程，译. 南京：译林出版社，2019.
❹ 贝尔纳·斯蒂格勒. 技术与时间 3[M]. 裴程，译. 南京：译林出版社，2019.

的，人的健忘源于其本质上的不健全，健忘的人类借助外在化的载体和工具保存记忆，纯粹抽象的记忆交由技术进行"保管"和"整理"，因此，第三记忆以技术的自治发展为根本标志。斯蒂格勒认为，人类文明的第一次飞跃是文字的发明，而进入信息时代后，数字技术将给人类社会带来第二次变革，以数字技术为标志的第三记忆能够基于互联网实现全面、系统和自主的记录及计算，这种具备动力的记忆载体能够全面而细致地记录和呈现人的一切，在此过程中，人的记忆和属性依赖量化的数字得以呈现，人类初始的个体经验记忆、种族文化记忆和特定时空记忆都被转化为程序中的代码，个体记忆的丧失意味着个人不再具有独特性。

（3）技术药理学

在斯蒂格勒看来，正是因为人的生成过程就是在技术的协助下不断将其外在化的过程，人的语言、行动、意识等都是在对象化的过程中获得的某种技术，技术使一切属于人之本质的因素间接化、器具化，人将自身交付给技术，人的对象化与现实化都被技术架空。因此，技术全面入侵社会生活领域，改变人类的思维方式和行动方式，甚至对人的知识和思维能力进行弱化。他指出，数字化时代的技术俨然已经成为一剂毒药，使得人类彻底沦为知识层面的无产阶级。❶ 知识无产阶级化是斯蒂格勒对马克思理论的创造性解读，马克思在《政治经济学批判大纲》中指出："知识和技能的积累，社会智力的一般生产力的积累，就同劳动相对立而被吸收在资本当中，从而表现为资本的属性，更明确地说，表现为固定资本的属性，只要后者使作为真正的生产资料加入生产过程。"❷ 斯蒂格勒借鉴了马克思的思想并将之理解为知识的转移，在资本逻辑下，工人的技能知识转移到机器系统中，人们的生活知识也在被数码工具所物化，理论知识逐渐变成合理化的技术知识而导致大众的系统性愚昧。同时，斯蒂格勒还指出，这种知识无产阶级化并不是一蹴而就的，它经历了三个阶段：第一阶段是 19 世纪工业革命带来的工人技能知识的丧失；第二阶段是 20 世纪传媒和文化工业

---

❶ 贝尔纳·斯蒂格勒.技术与时间 3[M].裴程,译.南京:译林出版社,2019.
❷ 马克思恩格斯文集:第 31 卷[M].北京:人民出版社,1998:93.

造成的生活知识的丧失；第三阶段是 21 世纪数字技术导致的理论知识的丧失。❶ 由以上分析可以看出，知识无产阶级化本质上可以理解为一种人的智识能力的丧失，被卷入数字旋涡的人类已经无法摆脱网络而生活，互联网和大数据利用获取的数字信息构建了具备独特性的数字个人，在他看来，这种主体的主观被转化为客观数据的量化标准将会使个体的差异消失，即人可能被技术架空没有了人的性能。这就是技术作为一剂毒药的理解，但是，斯蒂格勒并没有停留在对技术进行单纯批判的层面，也没有否定社会现实，而是从实践层面对技术进行双重性思考与理解，积极探求人类解放的可能，因此，斯蒂格勒在建构人性、解放人性、发明未来的人的意义上，提出技术也能够发挥其"解毒"的作用。首先，他指出作为代具性的存在，技术可以作为人的器官，延伸和增强人的生存技能；作为智能化的体系，技术应该为社会提供更合理和协调的建设方案，以互联网为依托，生活中的出行、交往、消费等行为都可以在技术的指导下优化和完善。其次，他认为哲学家和各领域的专家等知识分子应该带领大众积极参与共享知识的建构和贡献型经济的建设，通过使知识真正服务于所有人来打破资本逻辑对技术的垄断，使人摆脱被操控的可能。

### 2. 技术建构理论

技术建构论在技术哲学领域中占据了重要的地位，与技术决定论形成鲜明对比。技术建构论认为，技术的发展和变革并非一种自主、自发的历程，而是深深植根于社会力量的交互与社会集团之间权力关系的结果。核心围绕如下几个方面展开。

第一，技术建构论强调技术选择和发展是一种社会过程。在这个过程中，多种社会集团，如政府、企业、消费者、科学家等都可能带着自己的需求、价值观和利益关系参与其中。技术并不是单一途径的产物，而是社会各集团、组织和个人共同作用的结果。他们通过协商、抗议、市场选择

---

❶ 贝尔纳·斯蒂格勒.南京课程:在人类纪时代阅读马克思和恩格斯——从德意志意识形态到自然辩证法[M].南京:南京大学出版社,2019:46-53.

以及立法等措施来影响技术的发展路径。第二，技术实践和技术制品都被视为"开放的"，意味着它们总是可塑的，直到它们被社会集团以某种方式"闭合"。技术从诞生开始就不断地在社会互动中演进，技术开发者、使用者和其他相关方不断地在过程中塑造技术，直至技术成为一定形态并被社会广泛接受与利用。第三，技术建构论还看重"解释的多样性"。这意味着对于同一技术的出现与走向可能会有多种不同的社会解释。技术决定论倾向于为技术进步提供一个单一、普适的解释，而技术建构论却承认不同社会集团可能根据各自的文化、经济和政治背景提出不同的解释。第四，技术建构论提出了技术的"相对性"。技术并没有一个固定的含义，它的意义在不同的社会语境和文化语境中是不同的。某一技术在不同的社会中可能被赋予不同的使命和角色，这体现了技术本身的多面性和社会建构的复杂性。

技术决定论和技术建构论一直是科技研究中关注的两个对立面。技术决定论认为技术发展驱动社会变革，而技术建构论则强调社会各方面因素共同作用于技术的演进过程。探讨这两个理念的对立面，就是分析它们之间存在的辩证关系及其在推动人类社会进步上的不同作用与影响。

技术决定论倾向于将技术作为一种自主的力量看待，几乎独立于社会结构和人的意志，它将技术的发展置于一种超越历史和文化的背景之下。技术决定论认为技术附带着内在的社会、经济和文化特征，技术本身的发展既是不可逆的，又具有普遍性的影响力。这意味着技术的发展路径预设了社会的演进方向。相对而言，技术建构论观点则与此大相径庭。技术建构论看重的是社会因素对技术发展的塑造作用。该理论强调的是技术并非单一线性发展的结果，反而是多方利益关系、社会力量、文化背景等综合因素交织的产物。从技术建构论的视角看，技术的形成和发展是一个多方协商和决策的过程，折射出人类多元价值观和社会关系的动态变化。技术决定论与技术建构论的对立面在于，一个强调技术本身的决定作用，另一个强调社会因素的主导作用。然而，它们的辩证关系又在于两者实际是相互交织和相互影响的。技术的发展确实能够带动社会结构的改变，但同时，社会的需求、价值观以及文化背景也在不断地影响技术的发展方向和应用方式。

# 第五节　研究问题与研究框架

## 一、研究问题

本研究的关键在于通过技术哲学的视域分析技术影响教科书发展的内在机制是什么。因此，本研究的核心问题为"技术哲学视域下教科书与技术的关系以及相互影响的机制是什么？"为了解决该问题，本研究将核心问题拆分为两个大的子问题和若干个小问题，具体而言，包括如下问题。

首先，在技术哲学视域下，教科书何以存在，即教科书发展的第一层：教科书由内向外的发展依据是什么？教科书与技术的原初关系是什么？

其次，在技术哲学视域下，教科书何以发展，即教科书发展的第二层：教科书自身的发展演变的机制和表现是什么？

本研究首先借鉴技术哲学家斯蒂格勒提出的"人—技术"存在结构理论，构建出教科书的"教科书—技术"存在结构以及它的运动机制；其次以此作为理论框架分析教科书发展的历史，探寻教科书发展与技术相互的规定性的规律，具体研究思路如图 1-1 所示。

1. 探问教科书与技术的原初关系

通过借鉴技术哲学的思路与理论，对教科书与技术的关系进行系统的探究和分析，并提出"教科书—技术"的存在结构，以及因此结构所造成的"教科书"与"技术"之间相互作用所引起的运动。

2. 分析教科书发展规律

从教科书承载的文化的编码技术、传播技术和激活技术三个维度分析教科书的技术构成及其与教科书性质之间的相互建构的路径以及相互制约的原因。

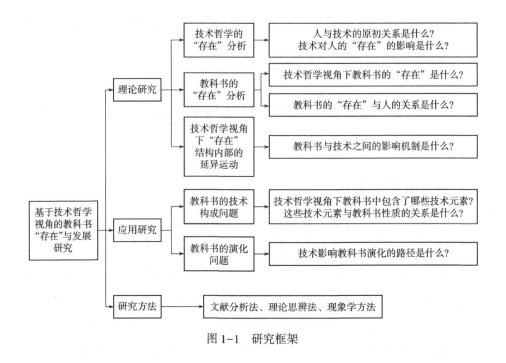

图 1-1　研究框架

### 3. 理性反思技术对教科书的影响和对策

通过斯蒂格勒的技术哲学理论分析教科书在现代社会中发展所遇到的困境，以及从技术哲学的角度构建超越困境的路径的可能。

## 二、研究框架

本研究基于技术哲学的理论框架，结合技术史、媒介环境学的相关内容进行理论融合，以教科书与教科书中蕴含的技术为研究对象，分析教科书的技术构成、教科书中技术的动态演化与技术发展对教科书发展的影响，最后结合以上内容为教科书发展提供建议。从总体上讲，本研究依照"教科书与技术的原初关系是什么→技术如何影响教科书发展→教科书发展过程中如何应对技术带来的挑战"的逻辑思路展开，如图 1-2 所示。

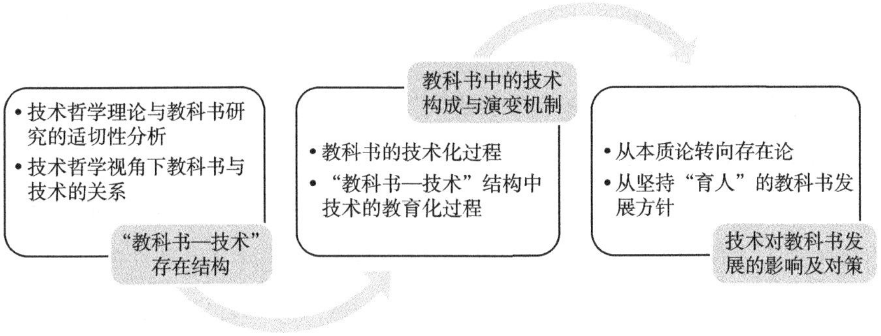

图 1-2　研究思路

# 第六节　研究方法与主要创新点

## 一、文献研究法

文献研究法作为教育研究的基础和前置工具，主要目的是让研究人员根据他们的研究目标，通过收集、查找、组织和分析相关文献，以便更全面和深入地了解研究主题，并据此确定教育问题的根本原因和核心问题。

本项研究采用文献研究法作为核心的研究手段，利用中国知网、万方、维普、超星、读秀等多个数据库平台，并充分挖掘国家图书馆、首都图书馆、北京师范大学图书馆以及首都师范大学教科书博物馆的教科书文献资源。本研究在前人研究的基础上，结合教育学、教育哲学、技术哲学、文化社会学、社会心理学、现象学和文化解释学等多个学科的相关理论和观点，提出了一个从技术哲学角度出发的教科书"存在"和发展的理论框架。所需的详细文献资料主要涵盖了国内外的技术哲学研究、教育技术哲学的研究进展、教科书的理论与实际应用研究，以及教科书社会学的相关理论研究。此项研究致力于确保文献的完整性和深度，经过深入的筛选和分析，我们整理出了一系列值得参考的文献。

## 二、理论思辨研究法

思辨研究方法也可称为"哲学研究""人文研究",是人类历史上最早也是时间最长的探究历史的方法,目前思辨研究方法在学术界没有统一的认识。本研究采用了西方现代哲学流派中提出的现象学哲学分析的方法,试图通过从"现象"中找出"共相",以此对现象进行合乎理性的探讨。

传统的西方哲学史是以本质主义为代表的,西方哲学走的是一条内在的、理性的、自我确认、自我规定的,从而是逻辑的、演绎的道路。❶ 近代哲学研究由主体论转向认识论,笛卡尔从认识论的视角对身心二元论进行了论证。受身心二元论的影响形成了经验论,经验论试图解构本质主义,认为认识知识的真正起点是作为"个别"的感觉观念,换言之,他们认为除了经验之外没有任何别的东西。

胡塞尔对意识进行了深入的分析,并明确指出意识始终是对某一事物的认知。胡塞尔利用现象学为我们提供了一种全新的观察世界的方法,从而打破了唯物主义与唯心主义的二分法。现象学的观点是,我们仅能观察到事物所展现的表面现象,而这些现象的意向性会以某种特定的方式呈现给我们,因此我们的意识始终指向这些事物,并努力超越自我。除了主体,客体是不存在的,同样,客体也不是主体之外的存在。"本质归约"与"先验归约"构成了现象学的核心研究方法,也就是现象学的主要研究手段。"回归事物本质"这一观点是现象学的核心理念,也是在哲学研究中应当持有的态度。这表明,哲学的研究不应从已有的哲学观点或对这些观点的批判开始,而应着重描述和分析各种现象,使其以最原始的方式呈现给我们。在现象学的方法论中,"悬置"是一个核心观念,意味着在认知活动中不会对外界事物的存在进行评估。它短暂地暂停了事物是否真实存在的讨论。需要强调的是,这种所谓的"搁置"并不意味着否定事物的存在,而是在强调一种"审慎的心态"。借助括号,人们能够更深入地关注内心的、初始的意识表现,这在现象学的还原技巧中占据了关键位置。

---

❶ 吴国盛.技术哲学讲演录[M].北京:中国人民大学出版社,2016.

### 三、主要创新点

1. 研究视角的创新

在教科书的研究领域，以往的研究都是从实体教科书出发，主要关注的是教科书内部的东西，如"什么知识最有价值"和"谁的知识最有价值"的问题，但是这些研究都忽视了教科书之所是的物质载体（技术）这一关键问题。技术是中立的吗？如果不是，教科书的内涵及属性在哪些方面和在多大程度上受到了技术的影响？教科书有可以脱离一切技术形式而存在的恒定的本质吗？如果没有，那么创造教科书的技术的本质是教科书的本质吗？到目前为止，对于这些问题在教科书的研究领域是相对比较少的。因此，本研究从技术哲学的视角研究教科书，重新理解教科书、理解教科书与技术之间的内在关系及影响，为教科书的发展提供了新的研究方向与空间，同时为教科书的研制和评价提供了新的理论依据。

2. 研究方法的创新

近年来，教科书的研究成为整个教育学领域生长最快和最受关注的热点之一，吸引了越来越多的学者从历史学、政治学、社会学、心理学、美学、伦理学等方面对教科书这一客体进行研究，逐渐形成了具有中国特色的教科书研究学术共同体，但笔者发现利用现象学研究方法的学者并不多。因此，本研究大胆地采用了现象学的研究方法来分析教科书，"悬置"一切已有的对教科书的研究，回到教科书的本身，专注教科书的内在的原始现象。希望以此来突破现有的研究模式，为教科书的研究提供一点点新的助力。

# 第二章
## 技术哲学视域阐释及对教科书发展研究的适用性

在当代社会中，技术的飞速进步不仅催生了工业、信息和生命科学的巨大飞跃，同时也对人们的生活习惯、思考方式和社会构造产生了深远的影响。技术哲学作为一个新兴的哲学领域，专注于深入探讨技术现象背后的深层含义和固有规律，研究技术与人类日常生活之间的紧密联系，以及如何谨慎应对技术进步所带来的各种挑战。技术不只是人类行为的结果，它也是在人类社会进步中起到关键作用的一个驱动力。因此，当我们从哲学的角度去审视技术时，这意味着我们不能仅限于技术层面的讨论，更要深入探讨技术的起源、演变乃至其最终的消失的核心议题。这不仅揭示了技术作为工具的固有特性，还深入探讨了技术与社会、技术与文化以及技术与伦理等多个方面的交互作用。技术哲学研究的主题涵盖了特定的技术属性和它们的发展趋势。每项技术都拥有其独特的功能和使用场景，而随着社会和科技的不断进步，这些技术的特性和应用范围也在持续地演变和扩展。深入了解这些技术的特性和它们的发展模式，可以帮助我们更好地掌握技术进步的方向，为当前的科技实践提供指导，并预测和应对未来可能的技术挑战。技术哲学研究的焦点主要集中在人与技术间的决定性联系上。技术不只是现代生活的一个重要组成部分，它还深刻地塑造和展示了社会价值观、人们的行为习惯和思考模式。在技术创新的过程中，人们也在不断地适应和被技术所影响。因此，深入研究人类与技术间的互动本质，是为了更好地理解技术对社会的影响，并为技术的健康进步提供方向。从历史的角度观察，人类对于技术的认知和应用经历了一个从浅显到深入，并逐渐展现出不同层次的发展过程。古时的技术主要是为了满足人们的基本生活需求，但随着现代技术逐渐涵盖更广的社会和文化需求，其复杂性也随之增加。随着技术的不断进步，它已经不仅是一个简单的工具或方法，而是逐步转变为影响全球观点和哲学思维的核心要素。

# 第一节　技术哲学的历史演进

当我们试图从哲学的视角审视技术时，就有必要先从历史的角度去深入了解技术对人类生活，如哲学、伦理和社会等多个领域的深远影响。

## 一、传统哲学的现代认识困境

技术并不等于科技。我们现在所谈论的"技术"，偏向于一种狭义的现代科学技术，或者说是一种技术的科学应用结果，即技术器皿、技术装置等。其实，这种将技术等同于科学的应用的理解过于简单化了。近年来，各种人类文明发展的历史研究都表明，技术与人类是相伴而生并是促进人类文明发展的关键因素。

技术原本的含义远比"科技"丰富得多，只是在过去的 200 年，科学与技术形成了一种历史性的联结，"科技"等同"技术"的概念才被广泛传播。除此之外，技术发展的近百年间，科学技术在高精尖行业里推陈出新的速度是十分惊人的，这就使"科技"很容易让人们产生一种"高新"的感觉。例如，手机作为一种科技产品，从出现到普及只花了短短一二十年，而且创新程度之高在中外技术史上都是前所未有的。因而，人们对技术的理解就普遍出现了新技术与旧技术的分别，新技术往往与"科技""高新"相连，而对旧技术的理解则倾向于落后和失效。技术哲学家凯文·凯利曾引用亚当斯对技术的评论：在你出生时，世界上已经存在的一切，仅仅是正常的；在你30岁之前，任何被发明的事物都会难以致信地令人兴奋和富有创造性；在你30岁之后，任何被发明的事物正如我们所知违反了自然秩序，成为文明终结的开端。直到它存在了10年左右，才逐渐变得真正令人满意；我们不再认为椅子是技术，我们只是把它们看作椅子……可过不了多久，电脑也将像椅子一样，成为微不足道的和到处都有的事物。❶

从这段评论中我们不难发现，技术与科技是不同的，技术具有一种"隐而不显"的特性。技术是构成我们得以存在的世界的基础，一个技术越是普遍使用就会越不起眼，即技术处在一种被人们日用而不知的状态。比如"眼镜"，对于一个患有近视眼的人来说，平时佩戴"眼镜"越是舒适自然的时候，越是感觉不到"眼镜"的存在，只有当"眼镜"损坏或是由于起雾而影响正常使用的时候，人们才会注意到"眼镜"的存在。

在西方，哲学就是爱智慧，同时认为智慧只能从思辨中产生，因此，西方哲学自产生之日起就坚持通过理性思考和推理来探究人类存在的本质和意义。古希腊哲学家柏拉图的名言就是"吾爱吾师，吾更爱真理"，这句名言就充分表达了西方哲学的一个基本精神，即真理是具有超越性的，真理应该高于其他的一切东西，成为它们自己的根据，使它自己具有一种自我的逻辑，这样它自己就可以解释自己，自己也可以为自己的合法性进行辩护，自己为自己的发展开辟道路。在古希腊时代，对真理的思考模式催生了本质主义的出现。本质主义主张所有事物都具有其内在本质，人们可以通过对各种现象的深入理解来揭示这一点。本质主义将事物的特性分类为本质属性和偶有属性，其中，本质是绝对的理想形态，是不容置疑的真实和准确，而事物则是理想形态的不完全模本，是有争议的、不真实的、不确切的。例如，在柏拉图的知识论理论中，他将知识划分为两个不同的

---

❶　凯文·凯利. 技术元素 [ M ]. 北京 : 中信出版集团, 2011 : 45.

层面，其中一层是完全不可见的抽象形态，也就是原型或本质；另一层则是可见的、可感知的事物。从那时起，西方哲学便开始了一条以内在逻辑和理性推理为基础的发展路径。技术一直被视为与我们的内在本质无关的纯粹外部事物，因此，如果我们选择走本质主义哲学的道路，就不可避免地会对技术产生排斥。

## 二、现代哲学研究的技术转向

随着 19 世纪中期两次工业革命的相继完成，人类通过科学技术对自然的把握达到了前所未有的高度，技术在现实社会中的作用也越来越明显。技术成为现代性的象征和标志，技术已经不是我们这个时代诸多问题之中的一个，而是使所有问题成为问题的那种问题。因此，众多的哲学家开始对技术进行哲学层面的反思，吴国盛指出这是现代哲学的"技术转向"，这种"技术转向"意味着哲学视野的变化：从技术的视角，用技术哲学的语言来解读哲学所关注的所有问题。

### 1. 技术哲学的两种传统：工程学技术哲学与人文主义技术哲学

德国学者波佩（Popa，1776—1854）的《工艺学的历史》（1807），英国化学工程师、经济学家尤尔（Euel，1778 — 1857）的《工厂哲学》（1835）、《技术辞典》（1843）等，综合地论述了有关技术、工业、工厂的许多问题。马克思、恩格斯高度重视科学技术的发展及其对人类社会的影响，他们的著作包含许多关于自然科学、技术的精辟论述，科学观、技术观成为他们所创立的马克思主义学说的重要组成部分。1877 年，德国学者卡普（Kapp，1808 — 1896）出版《技术哲学原理》一书，首创"技术哲学"这一学科名称，被公认为技术哲学的奠基者。❶ 自 20 世纪 70 年代以来，随着美国"哲学与技术学会"（Society for Philosophy and Technology，SPT）的建立（1978），《哲学与技术研究》的创办（1978）以及第十六届国际哲学大会（1978）确认技术哲学是一门新的、重要的哲学学科，技术

❶ 王续琨,陈悦.技术学的兴起及其技术哲学、技术史的关系[J].自然辩证法研究,2002(2):37-41.

哲学开始走上建制化的道路。美国技术哲学家卡尔·米切姆（Carl Mitcham）在《技术哲学概论》中指出西方技术哲学的观念中由于反思的主体和思路的不同，从一开始就呈现出工程学的技术哲学和人文主义的技术哲学这两种截然不同的理论体系，它们形成的两种传统在相互竞争中推动着技术哲学向前发展。

（1）工程学的技术哲学：持技术中性论，认为技术是中立的

工程学的技术哲学的反思主体是技术专家或者是工程师、发明家和企业家，他们一般掌握或了解实际的技术实践活动或亲历技术的研发工作。这就使工程学的技术哲学侧重于从内部对技术进行分析，强调技术本身的特性、特点、意义、规律等，工程学的技术哲学专注于技术的细节，专注于自然技术的自然属性，为我们深入认识技术的自然逻辑提供了航标。但他们坚信有技术的自然逻辑必然导致技术的价值逻辑，也就是技术的自然之势，直接推断技术的价值之势，认为只要行得通并符合自然逻辑，技术就必然是好的和有用的，这不仅混淆了自然逻辑和价值逻辑的界限，而且也不符合技术是一把双刃剑的事实。由于他用技术的自然尺度取代技术的人文尺度，使其对技术的社会属性和技术的意义，企图用科学主义来解释和说明包括人文科学在内的一切现象，结果使技术的价值分裂现象得不到合理的解释。

（2）人文主义的技术哲学：强调人文价值对技术的先在性

人文主义的技术哲学主要从超技术的角度对技术的本质进行探索，在这种思路上，人文主义的技术哲学力求洞察技术的意义，澄清技术与超技术事务的关系，如技术与文学和艺术、技术与伦理学、技术与政治、技术与宗教，技术与社会等。其哲学旨趣在于从人文主义角度来观察和反思技术，从人工物在人与自然的关系以及社会关系中的地位作用出发，分析其背后的技术理性，批判技术理性和根据这种技术理性进行的各种技术活动带来的异化和负面效应等，人文主义的技术哲学强调的是人文价值对技术的先在性。

综上所述，工程学的技术哲学是持"技术中性论"的观点，即比较倾

向于亲和技术，并始终是为技术辩护的，或者是从技术内部对技术的概念、疗法、认知结构和客观表现等进行分析。人文主义的技术哲学对"技术中性论"抱有强烈的怀疑态度，致力于评价人类经验的非技术方面，动用非技术准则来追问技术，以此来增强对非技术东西的觉悟。换言之，人文主义的技术哲学始终关心技术对人类本身的影响，以及它与外在技术的事物之间的关系，从技术与其他对象之间的相互影响出发，讨论技术的社会文化伦理等方面的意义与价值。

### 2. 两种传统的融合：现象学的技术哲学

技术哲学中两大传统的重要分歧点实质是自然科学中盛行的客观主义和精神科学中占有绝对优势的主体主义的二元对立，这二元对立的背后是深度的自然主义和心理主义的对立。20世纪初兴起的现象学运动逐渐也渗透到了技术哲学的研究，这也成为弥合技术哲学中两大传统研究分歧的重要工具，并促使技术哲学两大传统在20世纪70年代以后的融合，胡塞尔、海德格尔、斯蒂格勒等哲学家构建了现象学的技术哲学体系。

胡塞尔提出"科学危机"，主张回归到真正的"内在世界"。他分析了作为欧洲人根本生活危机之表现的科学危机，并批判数学的科学方法抽空了生活的意义，指出实证科学忽视了人生价值和意义的问题。胡塞尔在面对危机时，选择了"科学"作为他的限定词，而不是自然科学中的科学，他认为欧洲人对科学的看法是错误的，因为他们对科学的理解是片面的，古希腊时期形成的科学观是理性主义和哲学的结合，但自近代以来，欧洲开始出现了一种片面的科学观念，这主要表现为形而上学被排斥，不完善的理性主义（自然主义）逐渐占据了主导地位。❶ 科学，尤其是物理学，受到了极高的尊崇和崇拜。然而，在很多国家，哲学却被局限在大学教育体系的一个微不足道的部分，科学被宣称已经揭示了其客观存在。科学已经超越了哲学，成为权威的知识体系和社会话语的调解者，它已经变成了治

---

❶ 崔卫峰.严格科学的哲学理想与胡塞尔的哲学观论析[D].西安:陕西师范大学, 2002.

疗各种疾病和解决现代社会话语问题的神奇药物。**❶** 胡塞尔提出要想从这一危机中解放出来的关键就在于清楚自然科学所设计的物质世界模型，用现象学来探讨前科学的生活世界，以唤起人们对真正的"内在的"世界的向往。而胡塞尔指出的真正的"内在的"世界是哲学性，是哲学一的无限视界的总体，即人。可以说，胡塞尔打破了传统工程学的技术哲学中将人排斥在技术之外的思维方式，而是将人作为主体拉回到技术世界的中心。

海德格尔深受胡塞尔现象学思想的影响，应用现象学的方法深刻反思了整个形而上学传统，并指出西方形而上学的历史就是把"存在者"解释为"存在"的历史。海德格尔对形而上学传统，如神灵魂、自由意志和绝对理念等，进行了深刻的反思和批判，这不仅摧毁了它们作为意义和价值保障的各种存在形式，还暗示了人们在失去对存在本质的认同后，会回归到形而上学的基础，这是一种对人的生存状态进行深入探究和对其现实状况进行更深层次思考的方式。海德格尔认为，随着现代技术的诞生和进步，人与自然之间的关系经历了深刻的变革，在现代社会中，所有事物都已被技术所标记，而现代技术的主导地位也在各个社会领域中通过功能化、技术完善、自动化、官僚化和信息化等方式得到了体现。在他的观点中，这样的转变意味着技术正在更为清晰地塑造和管理全球的各种现象以及人们在这个世界上的位置，作为真理的一种表现形式，现代技术已经对自然进行了布置和定制，将事物转化为可保存的实体，而世界则被视为一幅图像，海德格尔把技术的这种促逼性的要求称为座架（Ge-stell），认为现代技术之本质居于座驾之上。**❷** 正是海德格尔通过现象学的分析，才得以把技术和存在联系在一起，他认为技术是命定的，是存在被遗忘所带来的必然结果，人也命中注定被投入这种作为持存物而存在的揭示之路，从现象学的立场出发，海德格尔认为挽救就是要恢复技术的本真力量，把本真带向其真正

❶ 崔卫峰.严格科学的哲学理想与胡塞尔的哲学观论析[D].西安:陕西师范大学,2002.

❷ 马丁·海德格尔.技术的追问[M]//海德格尔选集.上海:上海三联书店,1996:943.

的显现。❶ 因此，需要对技术的根本问题进行考察。

海德格尔认为单纯正确的东西还不是真实的东西，唯有真实的东西才能把我们带入一种自由的关系之中，即从本质上看关涉于我们的关系中。照此看来，对于技术的正确的工具性规定还没有向我们显明技术的本质，为了获得技术之本质，要达到技术之本质的近处，我们必须通过正确的东西来寻找真实的东西。❷ 在他看来技术绝不仅仅具有狭隘的工具性的意义，它同时还具有形而上学的意义，体现了人和人所处的世界之间的关系。他认为技术首先是人的活动，存在于人类的劳动之中，技术把握不只是为了人主观效用的有限目的，而是对人的存在的一种领悟，是人的一种存在方式，换言之，技术不单纯是工具和手段，它不是工具性的，而是存在性的。

## 三、现象学的技术哲学研究兴起

海德格尔的技术哲学是将"人"拉回到"技术本身"，而技术又是撑起关于人的"人性结构"的存在。❸ 在海德格尔的基础之上，技术现象学的另一位代表人物——当代法国著名技术哲学家斯蒂格勒进一步丰富了人与技术的存在结构。柏拉图曾在《普罗泰戈拉篇》中记载，在很久以前，世界上是没有动物的，只有众神，众神将土与火混合后塑造了人和动物，众神委任普罗米修斯和埃庇米修斯给每种动物分配一定的性能，以使它们能够生存于世，但是因为埃庇米修斯的疏忽，在分配性能的过程中遗忘了人类，因此，普罗米修斯不得不将火种带到了人间，使人类拥有了维持生活必需的智慧，从此人类诞生，而这种使人类得以生存于世的智慧，其实就是利用火和保存火的技术。❹ 斯蒂格勒就是对柏拉图《普罗泰戈拉篇》中记载的关于人类起源的神话进行了哲学的解读，进而指出人类与动物在存在的基

❶ 徐振轩.海德格尔对技术本质的现象学分析[J].安庆师范学院学报（社会科学版），2005（5）：34-37.

❷ 马丁·海德格尔.技术的追问[M]//海德格尔选集.上海：上海三联书店，1996：926.

❸ 郭晓晖.技术现象学视野中的人性结构——斯蒂格勒技术哲学思想评述[J].自然辩证法研究，2009（7）：37-42.

❹ 柏拉图.柏拉图全集：第1卷[M].王晓朝，译.北京：人民出版社，2002：441-443.

本条件上是不同的，动物先天具备赖以生存在世的性能，动物并不需要如火、衣物等外在于自身的东西，而人则不同，人不具备任何与生俱来的性能，斯蒂格勒将人称为"先天缺陷性的存在者"，所以在对人性进行分析时，他指出必须把缺陷和存在联系在一起，认识到由于人类自身的缺陷存在，人就需要技术作为"代具"来进行弥补，就好比听力障碍的人需要借助助听器，腿部残疾的人需要借助假肢来生活。和动物所获得的各种性能相对比，人通过技术弥补和超越自身的缺陷，以此来实现和创造自己的性能。但是，因为技术是代际性的，也就是说人的技术性能完全不是自然的，所以，这些技术一旦被造出来，与其说是属于人，不如说是属于技术更准确。斯蒂格勒进一步论证，技术作为一种"代具"是放在人的面前的，是在人之外面对面的存在，然而，如果一个"外在的东西"构成了他所面对的存在本身，那么，这个"存在"是存在于自身之外的，人类的"存在"就是在自身之外的存在，所以人在自身之外的存在就意味着人在技术之中存在，也就意味着技术作为"外在的东西"构成了人的存在本身，从而也就意味着人最终以技术的方式去存在，这也就意味着人最终是以一种"人—技术"的方式存在。

综上所述，从胡塞尔的现象学到斯蒂格勒的"人—技术"结构的人性角度论证，对技术本质的追问已经远远超出了工程学的技术哲学所持有的"技术中性论"观点。技术，并不是只有自然属性和自然逻辑的，技术与人具有内在性的联系，技术的本质是构建和完善人的存在。❶

# 第二节 技术哲学的基本理念

## 一、技术哲学的立论原点：技术本身

技术与人的本性是相互影响和相互塑造的。从哲学的角度来看，技术

---

❶ 叶晓玲,李艺.从观点到视角:论教育与技术的内在一致性[J].电化教育研究,2012,33(3).

被认为具有超社会和超历史的本质。技术是"作为存在论差异",从物质的角度分析,人工物可以被视为一种自然物,但是抽掉自然物后,人工物也就变得虚无缥缈,因而技术就是抽掉自然物之后的"无",就是那个"现象学的剩余者",也就是"在起来"的能力的保持者,这个能力被海德格尔阐释为"技术",人作为一种尚未完成的东西,必须通过技术的方式而保持一种"是"的能力。[1] 除此之外,现象学运动所提出的"意向性"学说,揭示的就是主体与客体之间的东西,所谓"意向性"就是意识并非自我封闭,每一个意识都指向某种外部对象,而这个指向的方式具有媒介性,即"技术"。以哲学的视野去分析技术发现,技术其实就是人的延伸——人心灵和意识的延伸,对技术的理解实质上就是对人的一种理解。

在技术哲学的视角下,技术本质上包含三个互相关联的理论问题。首先,技术的物质结构和符号形态起着规定性的作用;其次,每一种技术的物质特征和符号特征都具有一定的偏向性,因为不同的技术具有不同的技术形态、物质形态和参与获得性,因此,技术天生就具有时空偏见、感知偏见等;最后,技术的偏向性进一步推动了各种心理、感觉、社会、政治和文化层面的结果的产生,技术进步不仅催生了人类社会的巨大转变,而且也催生了文化层面的演变。[2] 三个关于技术的理论命题紧密相连,揭示了技术哲学研究中技术的本质,即技术的物质结构和符号形态的规定性作用,这使技术本身具有偏向性,而技术的偏向性会导致社会行为和文化方面的偏向性。

## 二、技术哲学的研究对象:具体的技术特征及其发展规律

技术哲学关注的技术涉及技术活动的根本性质和它在人类生活中的角色定位。技术不仅是一种解决实际问题的手段,也是一种文化现象,它反映了人类对于自然界和自身需求的理解以及对这种理解的实践。

首先,技术是动态发展的,它不断地在原有的基础上进行创新和改进。

---

[1] 吴国盛.技术哲学讲演录[M].北京:中国人民大学出版社,2016.
[2] 吴瑶.媒介环境学视域下的数字阅读研究[D].武汉:华中科技大学,2016.

这种创新既可以是渐进式的，也可以是革命性的。例如，在移动通信技术领域，从模拟信号的 1G 到数字信号的 2G，再到后来的 3G、4G 和现在逐渐普及的 5G，每一次技术的升级都极大地推动了通信技术的发展，改变了人们的生活和工作方式。其次，技术的根本目标在于解决问题。技术的发展始终围绕如何更好地满足人类的需求，并解决面临的问题。在这个过程中，技术工作者不仅需要考虑技术本身的可行性和效率，还需要关注技术应用可能带来的经济、社会、环境等方面的影响。例如，可再生能源技术的发展就是为了解决传统化石能源消耗带来的环境问题和资源枯竭的问题，它体现了技术实践以解决长远问题为目标的本质。再次，技术是一个社会化的过程。技术的发展和应用不是孤立发生的，它受到经济、政治、文化等多种社会因素的影响和制约。例如，互联网技术的迅速发展离不开全球化的经济背景，同时，互联网技术的普及和应用也反过来影响了全球经济的发展模式。最后，技术的发展还需要考虑到道德、法律等社会规范，以确保技术实践能够在社会可接受的范围内进行。

技术作为人类文明进步的重要标志，其形态的演进一直是技术哲学研究的核心话题。技术形态的变迁不仅体现了人类知识和实践能力的增长，而且反映了社会需求和文化价值的变化。本书试图从哲学的角度审视技术形态演进的内在逻辑及其哲学意蕴。

在技术形态的历史演进中，我们可以观察到几个显著的趋势。首先，技术由简单到复杂的演化过程反映了人类对自然界控制能力的不断增强。从早期的石器和木棒到现代的计算机和网络技术，每一次技术的飞跃都伴随着理论知识的深化和应用范围的扩大。其次，技术的发展趋向于高度集成和系统化，这不仅提高了技术系统的效率和效能，也使技术与社会生活的界限变得愈发模糊。最后，技术形态的演进常常伴随着新的伦理问题和社会冲突的出现，如人工智能技术所引发的失业、隐私和道德问题。

技术形态演进的逻辑性是理解技术发展的关键。技术发展呈现出一种自上而下的规划性和自下而上的自发性的双重特点。规划性表现在技术发展通常需要依赖预定的目标和计划，这是技术理性的体现；自发性则体现在技术创新往往源于偶然的发现或非预期的需求，这是技术进步不可预测的表现。这种双重特点反映了技术发展的复杂性，也是技术哲学研究需要深入探讨的问题。除此之外，技术形态的演进是一个复杂且多维的过程，它不仅涉及技术自身的内在规律，还与社会文化、价值观念、伦理道德等多方面因素交织在一起。哲学的审视不仅揭示了技术发展的深层次逻辑，也为我们提供了一种全面理解和评价技术变革的视角。未来技术哲学的研究应当更加关注技术与人类生活的互动关系，探讨技术如何更好地服务于人类社会的可持续发展。

## 三、技术哲学的研究重点：人与技术之间的决定关系

技术与人及人类生活的关系历来是技术哲学研究的重要议题。技术的迅猛发展不断塑造着人本身及现代社会的面貌，从而在根本上改变着人类的思维模式和生活方式。具体而言，技术的发展能够为人类提供更多的可能性，扩展人的行为能力，同时也可能引发一系列伦理、社会乃至哲学上的问题和挑战。

美国技术哲学家刘易斯·芒福德在 20 世纪初就注意到技术与人相互影响的关系，他认为对技术的理解离不开对人的理解，指出人的本质不是工具的制造者和使用者，而是符号的制造者和使用者，即人类是意义的制造者和使用者。刘易斯·芒福德认为技术的起源是人的心理能量极其充沛，需要创造出各种渠道来释放。他将技术分为身体技术、社会技术和自然技术。身体技术就是指人对自身的一种驯服技术，包括说话、走路等；社会技术是把人规训成为社会人的技术，包括社会礼仪、社会制度等；自然技术就是人类征服自然的技术，包括火药、钟表等。技术发展的第一步就是制造各种各样的人类符号，如人类早期的唱歌、跳舞、图腾、巫术、葬礼等，在制造意义世界的过程中，身体技术、社会技术、自然技术就在这种人的需求中被创造出来。❶ 利用现象学的分析方法，法国技术哲学家斯蒂格

---

❶ 吴国盛.技术哲学讲演录[M].北京:中国人民大学出版社,2016.

勒❶从柏拉图在《普罗泰戈拉篇》中描写的关于普罗米修斯的神话出发来论证他的观点，认为人性是一种"人—技术"的存在结构，因为人类在存在的开始就是由于自身存在的"缺陷"而需要技术作为"代具"来作为补充才能开始展开实际的生活。技术哲学认为人是没有本质的，人的本质是被技术建构出来的，用什么技术将会决定你是什么人。以时间为例，古代的人是习惯看太阳和月亮的起落来规定饮食起居的，但是现代人用钟表，人不再是太阳升起就劳作，而是要等到上班时间再去工作，人也不再是饿了再吃东西，而是到点就应该吃了。

　　20世纪中期，海德格尔运用现象学的方法将"技术"引入哲学的研究视域，使技术这种具有自我隐蔽性的东西成为20世纪哲学反思的重心。1953年，海德格尔发表了题为"技术的追问"的演讲，开篇就指出："下面我们要来追问技术。这种追问构筑一条道路。因此之故，我们大有必要首先关注一下道路，而不是萦萦于个别的字句和明目。该道路乃是一条思想的道路。"❷ 这个对技术本身关注的道路，简单来说就是一种哲学上的认识之路。他还说"我们要来追问技术，并且希望借此来准备一种与技术的自由关系"，其中的"自由关系"是指人面对技术事物的时候，人和技术事物之间的位置，只有人了解了技术本身，才能恰当地使用技术事物，就如海德格尔说："如果我们应合于技术之本质，我们就能在其界限内来经验技术因素了。"❸ 也就是说，只有理解了技术的本质，才有利于引导我们以恰当的方式来对待具体的技术。就好比我们只有了解了电饭锅可以用来煮米饭，才不会只用它来盛水或当个装饰品。海德格尔运用现象学的方法将隐藏于我们生活中的技术进行了揭示，指出技术不仅是一种手段，还是一种解蔽方式。在他看来，金银铜铁的本性都是通过技术来揭示的，我们并不能随心所欲地将任何材料塑造成我们想要的任意形状或使其是否具有光泽，就如烂泥是无论如何都扶不上墙的。所谓"真理"，既不是由工匠外加给事物

❶　贝尔纳·斯蒂格勒. 技术与时间[M]. 裴程，译. 南京：译林出版社，2019.

❷　马丁·海德格尔. 演讲与论文集[M]. 北京：商务印书馆，2020.

❸　胡翌霖. 媒介史强纲领[M]. 北京：商务印书馆，2019.

的，也不是事物本身就完成好了的，真理需要在技术活动中"发生"，在人与自然的磨合过程中呈现。

## 第三节　技术哲学构成教科书发展的研究视角的合理性

教科书作为一种有明确教育目的的工具，既包含学生得以生存与发展的各类知识，也包含了让社会得以团结与传承的文化思想。如果只从教科书的呈现方式、内容选择的扩大或缩小以及阅读风格的变化等单一层面去分析，均无法了解技术与教科书的深层关系及对其的影响和变革的意义。从本质上看，新技术形式的教科书之所以可以引发学生的认知变化、身份认同及权威变革，其引线并非仅仅是教科书所承载的内容，还与使教科书得以呈现的技术本身，也就是与教科书"成其所是"的本身有关，这就涉及技术哲学中一个非常重要的研究命题：人与技术之间相生相成的互动关系。因此，要全面探寻技术与教科书发展的关系及其影响本质，必然要溯源教科书的技术结构和技术特性，要从以技术为命题原点的技术哲学研究的相关理论开始，要从技术与人的关系开始。

### 一、转变教科书与技术二元对立的思维惯性

在中国教育史上，教科书是一个舶来品，它在中国的创生是基于一个特定的时空。在时间上，教科书是现代的，它与中国传统教育中的"课本"是不一样的，但教科书以文本的形式对"课本"进行了传承，它保证了中国文化的一脉相承；在空间上，教科书是"全球性"的，它以文本的形式扩充了"课本"的知识容量，承担起了为实现中华民族伟大复兴而培养高质量人才的责任。在中国，教科书像"活化石"一般记录了中国百年间教育的沧桑变化，从最开始的翻译借鉴西方文本，到民国时期实行的教科书文本审定，再到新中国成立后逐渐规范化和标准化的文本。可以说，对教

科书的认识始终与文本相连，教科书的本质就是教学活动的文本❶，教科书研究就是关于这种文本的学问。❷但是，随着技术的发展，教科书中的媒介技术逐渐显现并被学者关注。从 20 世纪中叶开始，幻灯片、投影机、电子设备等一系列新技术被运用到教育教学当中，这使原本隐藏在教科书中的印刷技术与新的技术形式进行比较，从而有学者从技术本身的角度判定纸质教科书限制了知识的选择与传播、妨碍了学生在数字技术环境下的学习需要，以及指出纸质教科书对纸张的大量需求会致使教科书开发的成本偏高，而且不利于低碳的环保要求。❸因而，纸质教科书不断受到新技术的冲击，教育学者和教育实践都将新技术作为克服纸质教科书弊端和赋能教科书的一种有效手段。

然而，学者们始终将教科书本质与教科书本质相对的外部现象（技术）进行对立。教科书借助新技术赋能一直是技术介入教科书发展的一个重要理由，从 20 世纪开始的电子教科书到现在的数字教科书，其开发和研究的思路是利用新技术来呈现教科书，很明显，这样的新式教科书是将教科书作为一个独立的事物，而新技术是外在于教科书的，技术是辅助性的手段，是教科书文本（内容）的应用形式，它可以对教科书产生积极的或消极的作用。因而，学者们对技术介入教科书呈现出了技术乐观主义和技术悲观主义两种截然不同且各有道理的研究结论。之所以会产生两种如此不同的研究结论，究其根本，是因为大部分学者其实是持一种"技术中性论"的观点来看待技术，认为技术能够产生积极的或消极的作用，并不取决于技术本身，而是取决于技术的应用，即技术是被谁应用、是出于什么原因应用的、怎么应用的等。基于这种认识，作为工具的技术就会被视为一种来自本体之外的"物的力量"，教科书所强调的知识、文化、人格等关于"人性的力量"是相对独立存在的，导致教科书与技术在本体论层面的内在疏离，学者们习惯性地将技术作为一个外在的实践性问题来考虑其应用，而

❶　孙智昌.教科书的本质:教学活动文本[J].课程.教材.教法,2013,33(10).
❷　石鸥.教科书概论[M].广州:广东教育出版社,2019.
❸　赵志明.重新定义教科书[D].长沙:湖南师范大学,2014.

很少有学者会从技术的视角研究教科书的特殊属性与发展规律。因此，对于教科书的认识始终存在教科书本质与教科书本质相对的外部现象（媒介技术）两个方面，换言之，就是在教科书研究中长期存在一种下意识地将作为教科书外部现象的技术（媒介技术）与教科书的本质进行二元对立的思考。也正因如此，教科书研究一直无法解答技术是何以促进教科书发展的问题，但是，在实践层面中技术对教科书发展的支持是有目共睹的。所以，重新审视我们对教科书与技术的思考视角是必要的，我们需要新的研究视角和理论工具来解答技术对教科书影响的一系列问题。

## 二、教科书发展自始至终融贯于技术的发展之中

迄今考古学家发现的人类最早的"教科书"是公元前 2500 年左右的泥版"教科书"，它是世界上最早的诞生于苏美尔的被称为"泥版书屋"的学校里用于教学的"工具"。● 从泥版"教科书"开始，教科书变革就从未停止，从手抄于莎草纸、布帛，到木板、石刻的拓印，再到从古登堡铅字印刷机的批量生产，技术的进步使教科书从最初被高高在上的知识精英垄断，发展到了成为普通人最基本的学习习惯与教育教学方式。从 19 世纪后半叶开始，工业革命的发生更加速了技术的发展与变革，在教育领域，为适应社会发展的需求，新技术便不断被引入教科书的开发和赋能上，从最开始的电子教科书到现在的数字教科书，世界各国都开发了品类众多的新技术形式的教科书。然而，教科书的发展离不开构成教科书的技术本身，每一次的教科书变革都是在技术变革的推动之下发生的。

纵观技术的发展史，人类知识的积累与储存并不是天生就有的，而是借助一定的技术形式才能达到的。人类现今整个文明的发展都是建立在文字和印刷技术发明的基础之上的。人类不懈追求探索创造知识的漫长历程，第一个最重大的发明就是文字，它的创生使人类开始摆脱以经验口传的局限性，开始对知识进行积累、反思。文字作为一种被人类创造的技术形式，其普及的过程并不是一帆风顺的。苏格拉底就曾强烈地反对过文字的发明

---

● 陈晓红,毛锐.失落的文明:巴比伦[M].上海:华东师范大学出版社,2001.

所带来的革命，他曾断言文字是死亡了的思想，只有鲜活的话语对话才是富有生命力的东西。他坚持认为知识就是记忆，是隐藏在每个人最深处的思想的浮现，因而苏格拉底拒绝把他的思想写下来，他说书写是损害记忆的，把生动的思想扼杀在了死亡的符号里。柏拉图则与苏格拉底不同，完全转向了文字的王国，从技术史的角度看，整个希腊文化的传播关键就在于摆脱了口述性，从而进入了文字的时代，柏拉图借助文字技术创办了最早的学校，学校里手捧教科书的教师可以取代吟游诗人。一旦人们拥有了文字技术，人的记忆就显得不那么重要了，尤其是书写能够让人类将记忆储存在书籍当中。不过这一时期的书籍是手抄的形式，在古登堡发明印刷机之前，整个欧洲大陆大约只有3万册图书，由于技术形式的限制，"教科书"在彼时的教育领域是文化的载体，更是权威的体现。而在古登堡之后，印刷技术的突飞猛进促使了印刷书籍的激增，知识的更迭速率加快，知识与文化的产量呈现出前所未有的规模。在这样的背景下，现代意义上的分科教科书应运而生。随着技术的发展、电子设备移动媒体的普及，民众已经从原来的纸质阅读的形式转变到了数字阅读的形式，数字化的时代已经到来，整个社会的发展都是建立在数字基础之上的。比尔·盖茨曾在二十几年前就预言，未来信息的最根本的差别是几乎所有的信息都是数字的，图书馆中全部的印刷品都将被扫描进磁盘或者光盘，以电子数据的形式。二十多年过去了，这个预言几乎实现，所有的信息爆炸式增长，以摩尔定律增长的计算机能力使储存于数据库当中的知识成了一片数字的海洋。

## 三、技术哲学理论与教科书发展中"育人"的内在逻辑相契合

　　教育技术学家祝智庭认为用技术哲学来研究技术对教育的影响是适当的，因为技术哲学关注的是技术的本质及对人的精神、社会、文化、环境等的影响，有助于教育研究者从总体上把握教育的发展。[1] 随着我国教育信息化的发展，教育技术独立发展成为专门研究教育与技术的学科，桑新民

---

　　[1]　祝智庭.关于教育信息化的技术哲学观透视[J].华东师范大学学报(教育科学版),1999(2):11-20.

最早提出教育技术的基础是技术哲学和教育哲学。❶ 除此之外，叶晓玲和李艺则从不同的视角出发对教育与技术的功能和本质进行了分析，提出了教育与技术具有内在一致性的观点，从此为教育与技术的对话和相互作用找到了学理依据。❷ 邹红军通过对技术哲学家斯蒂格勒的教育观的分析，认为教育的意蕴是"人的发明"，因此，必须警惕作为人类"义肢"的教育臣服于技术接受，重视抽象性思维能力塑型，以及强调泛在性具身认知以抵御现代技术的座驾风险。❸ 综上所述，随着信息技术对整个社会发展的影响越来越大，教育领域的教育信息化、教育媒介化、教育技术化的进程在逐步深入，除了有技术乐观派引领的一波又一波的教育与技术融合的实践浪潮和技术悲观派的谨慎坚守，更多的学者希望从理论研究的角度重新冷静地深思教育与技术，回到教育最重大的问题——人，"人是什么""如何成为人""人该怎么做"……众多学者论证说明技术哲学是一个切实可行的研究视角。

教科书是教育性的。从教育史上看，作为教育工具的教科书，它一直借助着特定的技术将知识从教师（一代人）传播给学生（下一代人），可以说，没有广义上的作为教育工具的教科书，就无法完成教育的任务。同样地，没有具体的技术，教科书也无法承载人类的经验与智慧，教育也就无从谈起。"育人"，即以人为本，一直都是教科书研究中的共识，而教科书作为为了培养人而发明的一种教育工具，就必然需要依赖一定的技术条件，因此，教科书的开发和使用就必然要关注技术，这是教科书研究中引入技术视角的前提条件。可是，大部分学者对于技术的理解偏重于狭义上的现代科学技术，特别是媒介传播技术，这就导致在技术赋能教科书的研究中

---

❶ 桑新民.技术—教育—人的发展(上)——现代教育技术学的哲学基础初探[J].电化教育研究,1999,(2):3-7.

❷ 叶晓玲,李艺.从观点到视角:论教育与技术的内在一致性[J].电化教育研究,2012,33(3):5-9,43.

❸ 邹红军."人的发明"的教育意蕴及其启示——斯蒂格勒技术哲学发微[J].湖南师范大学教育科学学报,2021,20(1):21-30.

存在明显的"技术决定论"倾向，忽略了教科书的教育性，即走入了"目中无人"的教科书发展路径。❶ 因此，借用技术哲学的理论重新以技术的视角来理解教科书，并以作为技术的教科书重新理解人，构建教科书—技术—人的内在构成，才能更好地促进教科书发展中"育人"目标的达成。

---

❶ 张增田,陈国秀.论数字教科书开发的未来走向[J].课程·教材·教法,2021,41(2).

# 第三章

# 教科书与技术的互构：技术哲学视域下教科书发展的基础

　　教科书作为教育领域的重要组成部分，长久以来在文化传承和知识积累中扮演着关键角色。然而，在数字技术高速发展的当代，教科书内容与技术手段的结合日益紧密，这种现象背后所蕴含的内在机制及其对教学实践的影响尚未得到充分的理论阐释和实践探索。传统的教科书研究常关注内容分析和教科书使用效果，忽视了教科书作为一种特殊的文化工具，其所涉及技术层面的深度整合与教学实践之间的复杂互动。本章将从斯蒂格勒的技术哲学思想入手，探寻教科书与技术在存在论层面上的关系。

## 第一节　　"缺陷性"存在：技术哲学视域下的教科书本身

### 一、对教科书本质的溯源

　　对教科书本质的探寻一直都是学者们争论的问题之一，"工具说"是国内外学者对教科书的一种认识。持这种观点的学者认为教科书的本质就是一种工具，通过使用这种工具能达到一定的目的。《中国大百科全书》指出：教科书是根据教学大纲（或课程标准）编订的系统地反映学科内容教学用书。教科书是教学内容的主要依据，是实现一定教育目的的重要工具。❶ 热切尔和罗日叶认为教科书是一种印刷品，使用教科书可以提高在学习过程中的有效性，是一种使学习结构化的工具。❷ 曾天山曾在《教材论》一书中认为教科书是根据教学大纲（或课程标准）编写的系统反映学科内容的教学用书。换言之，这种观点是把教科书看成一种能够达到教育目的的一种人类制造出来的"工具"（人造物）。综合国内外学者对教科书本质的研究，大概可以分为以下三方面。

1. 教科书的教学本质

叶波对教科书本质进行了历史的探寻和梳理，指出教科书是意在促成教育性教学展开的话语空间，构成一种"知识—权利—身体"的关系❸，换言之，教科书是教师与学生对话的一个场域，教科书运用各种技术手段构建教学空间。李新等将教学性作为教科书的根本属性❹，从中国的教育史来看，无论是古代中国的"四书五经"，还是现代教育中的各科教科书中都无不蕴含着"教诲性"，文字本身可以记录"教诲性"的内容，但是能否将文字所蕴含的意义真正传达给每一位学生，还需要教师对文本的激活。孙智昌认为教科书其实就是一种教学活动的文本❺，以及张增田等论述的教学性

❶ 中国百科全书编辑委员会. 中国大百科全书·教育[M]. 北京：中国大百科全书出版社，1985：145.
❷ 热切尔，罗日叶. 为了学习的教科书：编写、评估、使用[M]. 上海：华东师范大学出版社，2009：34.
❸ 叶波. 教科书本质：历史谱系与重新思考[J]. 课程·教材·教法，2018，38（9）：75-79.
❹ 李新，石鸥. 教学性作为教科书的根本属性及实践路径[J]. 课程·教材·教法，2016，36（8）：25-29.
❺ 孙智昌. 教科书的本质：教学活动文本[J]. 课程·教材·教法，2013，33（10）：16-21，28.

是教科书发展必须坚守的生命属性❶。之所以不断强调教科书的"教学性"，就是因为文字这种文化记忆的技术本身所具有的的局限性，用文字作为文化编码的文本需要教师进行文化的激活，才能够将文本所蕴含的文化记忆传递。从这个意义上讲，教科书是作为教师的"教学"技术的一种存在，它必须从教师能够使用，并不断提高使用效率来进行理解。

## 2. 教科书的政治本质

持这种观点的学者认为教科书不仅是课程的核心和教学的工具，也是文化、政治和经济间权力博弈的产品。这一观点的代表人物阿普尔就提出"教科书不仅是'事实'的'传输系统'，它还是政治、经济、文化活动、斗争及相互妥协等共同作用的结果，它的出版发行受到政治和经济领域中市场、资源、权力等因素的制约"❷。学者王攀峰等认为教科书的本质内涵是学校对文化进行优选和重组的结果，是制度化的课程文本和文化标准，是文化活化和文化传承的媒介；是课程场域中权力博弈的产物，是国家主流意识形态的载体，是实现知识社会分配和个体社会分层的工具；是一种特殊的文化商品，其商业化运作是传播文化的重要路径；是一种教学对话的文本，是教师教学和学生学习的支持工具。❸ 可以看出，阿普尔等学者运用社会学的分析方法，指出课程知识、语言编码、知识选择的意识形态问题，这就是说因为知识本身并不是中立的，那么教科书作为承载这些带有意向性的知识使其本质也带有意向性。如我国学者石鸥在《论教科书的基本特征》一文中指出：教科书有"教诲性"，所谓教诲，就是一种将经过筛选的文本（意识形态）传递给学生的意思，因而总带有教诲者的主观意识，因此，这些学者都敏锐地察觉到了教科书的非中立性本质，从这个意义上理解，教科书是一种在行动和做事情之中的方法、手法、途径，即"技

❶　张增田,陈国秀.论数字教科书开发的未来走向[J].课程·教材·教法,2021,41(2):37-42.

❷　M. 阿普尔,L. 克丽斯蒂安-史密斯.教科书政治学[M].侯定凯,译.上海:华东师范大学出版社,2005:2.

❸　王攀峰,宋雅琴.论教科书的内涵与属性[J].当代教育科学,2018(1):6.

术"，而这种"技术"是社会对人的控制的手法或途径，因为教科书其实就是一种"社会控制"技术。

### 3. 教科书的文化本质

吴小鸥基于对百年教科书史的研究对教科书的本质进行了分析，她认为教科书的本质特性乃文化标准的确立。[1] 在演变过程中，教科书常常选择主导文化及突生文化为标准。在主动介入中，教科书利用技术手段处理原初文化信息。在现实情境中，教科书为个体的思想和行为以及社会生活提供参考构架。知识社会学家阿普尔提出，"正是教科书确定了什么才是值得传承下去的精华和合法的文化"[2]。社会上对教科书本质的认识也属于这一类别，如"教科书式的救援""教科书式的表现"……除此之外，文化记忆理论家阿莱达·阿斯曼提出文字是一种永生的媒介和记忆的支撑。扬·阿斯曼则指出文字被发明之后，社会交往的外部范畴才可能成为自主、成体系的存在，文字使记忆超越了传承到本时期且正在流通的意义的范围，也超出了本时期社会交往的层面。[3] 而教科书恰恰是保存文字的重要载体，是传承思想文化的工具，因此，教科书可以被看作一种实现"文化记忆"的工具。

## 二、对教科书实体的考察

从历史上看，教科书作为传统教育体系中的核心元素，承载着知识传递和文化传承的重要功能。教科书的实体形态并不是一成不变的，从内容本身到传播途径，教科书实体一直随着技术的变革而变化，特别是印刷术的发明，不仅促使教科书的实体形态从手抄本到印刷本的转变，而且推动了整个教育理念和教学的转变。

### 1. 经典教科书

文化教育尚未普及的时代，教科书多为经典文本，内容固定，以传授

---

❶ 吴小鸥.教科书,本质特性何在？——基于中国百年教科书的几点思考[J].课程·教材·教法,2012,32(2):62-68.

❷ M.阿普尔,L.克丽斯蒂安-史密斯.教科书政治学[M].侯定凯,译.上海:华东师范大学出版社,2005:2.

❸ 扬·阿斯曼.文化记忆[M].北京:北京大学出版社,2015.

权威知识为主。学生通过模仿与重复来学习知识，教科书的功能主要是记载和传播学术文化。中国的经典教科书包括《论语》《大学》《中庸》和《孟子》，这些经典教科书是中国传统文化和思想的重要代表，对中国古代和当代社会产生了深远的影响。它们强调了人文精神、道德修养和政治治理的重要性，成为中国人民的精神食粮。它们不仅是中国古代教育的重要内容，也是中国传统文化的重要组成部分。这些经典教科书强调了人文精神、道德修养和政治治理的重要性，对中国古代和当代社会产生了深远的影响。

2. 学科教科书

在 19 世纪和 20 世纪之交，教育心理学的兴起进一步推动了教科书的发展。教育者开始关注学生的认知过程，教科书逐渐融入了图表、插图等元素，以更直观、生动的方式呈现知识，帮助学生理解和记忆。此外，习题和活动设计的引入使教科书不仅是知识的展现，更成了促进学生主动学习的平台。同时，不同学科领域的教科书涵盖了相应学科的知识和技能，帮助学生系统地学习和理解相关的概念和原理。这些教科书凝聚了各学科领域的最新研究成果和知识发展，有助于学生对学科知识的深入了解和掌握。比如，在数学领域，教科书会涵盖各种数学概念、定理、公式和解题方法，帮助学生建立数学思维、提高解决问题的能力；在自然科学领域，教科书会介绍自然界的规律、科学方法和实验技能，帮助学生理解和应用科学知识。

3. 数字教科书

随着信息技术的飞速发展，教科书的传统概念和形态正在发生根本性的变革。电子教科书、在线课程和各类教育应用软件的出现不仅改变了知识的呈现方式，还扩展了教育的时空界限。通过多媒体和互动技术，数字教科书能够提供更加丰富多样的学习资源，满足个性化学习的需求，并促进学生的跨学科思维能力发展。数字教科书作为传统教育资源的数字化升级产物，突破了传统纸质教科书的物理限制，借助现代信息技术，实现教学内容的数字表现和交互传递。具体而言，数字教科书是指以电子文件形式存在，能够在计算机、平板电脑、智能手机等电子设备上阅读和操作的教科书。它不仅包含文本、图表、数据等传统元素，还整合了多媒体、超文本链接、动画、模拟实验等互动元素，通过这些丰富的教育资源和交互手段，极大地提高了学习的趣味性和效率。数字教科书的特征体现了现代信息技术在教育领域的深度融合，这不仅丰富了教科书的形式和内容，也大幅提升了教学与学习的效率和质量。通过发挥这些特征，数字教科书能够更好地适应并满足个性化和信息化时代的教育需求。

具体来看，教科书的历史演变反映了教育技术的进步。从最初的文字和图像的静态呈现，到现代的动态交互和个性化推荐，教科书的技术内涵在不断丰富。这种技术的融入，不仅是形式上的变化，更是教育理念的体现。例如，现代教科书的设计强调学生的主动参与，通过项目式学习、合作学习等方法，促进学生批判性思维和创造性能力的培养。教科书的演变并非一帆风顺。教科书的内容选择和编排方式往往与特定的教学理念和文化背景紧密相关，因此在不同地区和教育系统中呈现出多样化的特点。一些教科书可能过于强调知识的记忆与复述，而忽视了学生批判性和创造性思维的培养。另外，技术的不断更新换代也带来了教学资源的不均衡分配问题，不同地区和社会阶层的学生可能因此获得截然不同的学习体验和成果。

## 三、"缺陷性"存在：教科书必须依赖技术才能存在

教科书作为一种教育工具，它的存在具有先天的"缺陷性"，即技术在教科书发展和教科书实践中扮演着重要角色。换言之，教科书是依赖技术而形成与发展的，教科书唯有利用技术才能搭建起教育者和受教育者之间沟通和交流的桥梁，并为教育者实现教育目的提供了可能。

从技术史与教育史来考察，广义上的教科书在产生之初是没有物质载体的，它存在于"言传身教"的教育中。所谓言传身教，就是教育者和受教育者之间的知识和技能传承主要通过口语和体态语言进行，人们通过语言、表情、动作、神情等进行沟通交流。这样的沟通方式一直延续到后来，

《论语》中所展现的众多学子的学习和孔子对学生的教诲，传说中古希腊广场上苏格拉底对人的诘问和他的产婆术教学等，都体现了这一教育形态和过程，直到今天，言传身教式教育仍是我们教育活动中最简练、最具有表现力的一种教育方式。如果说语言也是一种技术，我们对自身肢体、面部表情、眼神等的控制也是一种技巧，那么言传身教则是教育中最早使用，也是最普遍使用的技术，它是教育双方赖以沟通的基本手段。从某种角度而言，最初的教科书就是在于传承人们赖以生存和谋生的技能，教科书的内容也主要是人们生活中口口传颂的故事以及生产实践中所积累的经验等，这些内容最初基本依靠头脑记忆和口语传播。随着知识积累的日益丰富，人脑记忆的有限性要求人们必须借助记忆和语言传播以外的辅助工具，如《易·系辞下》中说："上古结绳而治，后世圣人易之以书契。"这反映了我们的祖先曾以打绳结等方式来记录和传播知识。随着人类自身的进化，后来又逐渐出现了木刻、石刻、岩画等刻画符号，最终出现了文字的使用和普及。史书载曰："古者，伏羲氏之王天下也，始画八卦，造书契以代结绳之政，由是文籍生焉。"任友群先生在对"支撑教与学的技术"进行梳理时曾指出，教育中的技术最早可以追溯到公元前50000—前40000年出现的"岩洞壁画或在墙上做的标志"、公元前8000—前3000年的"书写技术"。文字符号的出现算得上是教育史上具有划时代意义的大事件，它不仅使大量的知识和经验得以记录和传承，极大地丰富了教育的内容，还突破了教育的时空限制，使师生异地的教育得以实现，随之而来的就是扩大了知识的传播范围，因而文字符号这种技术的出现和使用带来了教育独立后的第一次变革。

文字的出现催生了有物质载体、可反复使用的"教科书"的出现。以前学生只能通过与教师面谈、聆听教诲的方式进行学习，自文字出现后，这样的教育方式由于有了记录材料的出现而发生变化，而这样的记录材料也随着技术的进步不断发生变化。早期的文字是刻于龟壳、岩石等之上，习读极不方便，后来出现了刻在木简、竹简等之上的文字，成为最早的成册书籍。《说文解字》中提到："册，符，诸侯进受于王也。象其札一长一短，中有二编之形。第，古文册从竹。"朱骏声在《通训定声》中说："竹谓之简，木谓之牒，亦谓之牍，亦谓之札。联之为编，编之为册。"册就是古代书籍，在纸张问世之前，人们均以简册来事书写。《尚书·多士》也提及："惟殷先人，有典有册。"典册记载的都是先贤的治国经验、统治策略、政治制度、宗法制度、伦理道德等，后世的君主通过学习先王典册来了解先王业绩，继承政治经验，学习典册就是学习统治政策和方法。而对于普通的受教者，也开始出现供他们阅读的书籍。如在我国西周时，孩童阶段就有正规的书教，"十年出就外傅，居宿于外，学书计"。东周时已有专门供孩童识字教学用的字书——《史籀》。《汉书·艺文志》记载："《籀》十五篇。"注云："周宣王时太史籀作大篆十五篇，建武时已亡六篇矣。"注："《史籀篇》者，周时史官教学童书也。"《史籀》为中国史籍上所记的最早的儿童识字教材。学者王伦信曾提出，"（文字的产生）不仅提高知识外储的效率和系统性，也为突破时间和空间限制、摆脱个体间口说耳受的'对面'交流状态创造了条件"，使教育获得发展。❶

文字和"书"的出现使教育的范围极大扩展，但也由于当时的"书"——典、策、简、牍等过于昂贵和笨重，使民间无力复制和传播，凡书籍皆存于官府，而教学所用之教具称为"器"，民间也无力购置，所以，"叶官有书，而民无书"，"唯官有器，而民无其器"，欲学者必到官府而学。这就使夏、商、周时期的教育其总体特征是政教一体、官师合一、学在官府、学术官守。教育机构设于官府中，教育者多由官吏或退休官吏担任，教育为官方所垄断。中国春秋战国时期，随着铁制刀具普遍运用于削制竹木简牍，加之书写工具和纺织业的发展，书籍的抄录与撰写效率提高，成本也相应降低，这给民间私人著述和藏书创造了一定条件，中国民间藏书、修书即由此时始。东汉时期，质优价廉的"蔡侯纸"的发明使中国的教育再次迎来一个鼎盛时期。《后汉书·蔡伦传》记载："自古书契多编以竹简，其用缣帛者谓之为纸。缣贵而简重，并不便于人。伦乃造意，用树肤、麻

---

❶　王伦信.从纸的发明看媒介演进对教育的影响——技术向度的中国教育史考察[J].华东师范大学学报(教育科学版),2007(1):78-85.

头及敝布、鱼网以为纸。元兴元年奏上之，帝善其能，自是莫不从用焉，故天下咸称'蔡侯纸'。"蔡侯纸的发明和普及，加之当时统治者东汉邓绥太后的倡导，使东汉形成了大规模用纸抄写儒家经典和书籍的高潮，东汉官办太学和私学讲经也达到空前的兴盛。据《后汉书·儒林传》记载：顺帝时，太学"更修黉宇，凡所造构二百四十房，千八百五十室"，并规定"试明经下第补弟子"，太学生员于是大增，到质帝时"至三万余生"。私人讲学更远盛于太学，当时的一名经师，及门弟子动辄数千，著录弟子往往万余。《后汉书·牟长传》记载："诸生讲学者，常有千余人，著录前后万人。"《后汉书·马融传》说："教养诸生，常有千数。涿郡卢植，北海郑玄，皆其徒也。"《后汉书·蔡玄传》也说："学通五经，门徒常千人，其著录者万六千人。"达到这样的讲学规模，究其原因，除了稳定的政局和朝廷号召等外部因素，技术的进步和辅助可谓关键的原因之一。自此之后技术仍然没有停止其革新的脚步，例如，印刷术的发明使教科书由抄写变为印刷，省时省工，伴随着活字印刷术的发明以及铜字、铅字印刷术的出现，其他的相关技术，如造纸、制墨、邮递等技术也在不断革新，教育在这些技术的推动和支持下，不断达到新的高峰。

# 第二节　技术哲学视域下对教科书中技术本身的探寻

## 一、教科书的"缺陷性"存在需要技术作为"代具"来补充

上文已经阐明，教科书作为一种教育工具，它必然依赖一定的技术作为"代具"而存在。这里所指的技术"代具"并非单一的，脱离教科书本身的某种技术。笔者将教科书中的技术"代具"大致分为编码技术、传播技术、解码技术三部分进行说明。其中编码技术是指将人类言语和思想进行储存的符号编码，如文字、图像、数字等；传播技术是指教科书中所选

内容的传播实体，如印刷书、计算机、实验设备等；解码技术是指非物质形态的技术，如教授法等。在技术元素的集成方面，教科书编纂者需要考虑如何将这些技术有机地结合在一起，使之服务于教育内容的传递。

### 1. 编码技术：教科书选取内容的技术"代具"

在深入探讨编码技术的历史演变之前，有必要先明确编码技术的定义。编码技术是指将信息或数据转换成特定格式或代码的技术，其目的在于保障信息传递的准确性和安全性。从最早的信号编码，如烽火、烟雾到现代的数字加密技术，编码技术的发展描摹了人类传播方式的进步轨迹。

古代的编码技术多源于军事和政治的需要。例如，中国古代的烽火台通过控制烟、火的升起来传递军情，这种编码方式虽然原始，但对于当时信息传递的速度和范围而言是一种重大的突破。此外，古埃及象形文字和中世纪欧洲的密码书写技术也体现了早期对信息编码的尝试和应用。

进入工业革命后，电报技术的发明开启了现代通信编码技术的序幕。摩尔斯电码的出现使跨越大陆和海洋的通信成为可能，极大地加快了信息的传播速度。摩尔斯电码不仅是工业化社会信息传递的重要工具，也为后来的编码技术树立了标准化和系统化的典范。

20世纪中叶以后，随着计算机和互联网技术的兴起，编码技术进入了一个全新的发展阶段。二进制代码成为信息处理和存储的基础，不仅改变了数据传输的形态，也为信息的保密性和完整性提供了更可靠的保障。加密算法的不断进步，如DES、RSA等，使在线通信变得更加安全，而这对教育行业的远程学习和资源共享产生了深刻影响。

随着全球化的推进，信息技术的快速发展，编码技术在教育领域中的应用日益广泛。例如，多媒体教学资源的编码技术不仅保证了教学内容的丰富性和互动性，也提高了教育资源的可访问性。教育者和学习者可以通过网络平台共享和交流教育资源，而这一切都得益于高效的编码技术。在教育实践中，编码技术的进步还表现在对教育内容的个性化定制上。通过智能算法对学习者的行为和表现进行编码分析，教育者可以提供更加个性化的教学方案。这种技术的应用在适应教育多样性需求上显示出巨大潜力，有助于促进学习者的主动学习和创新能力的培养。编码技术的历史演变不仅反映了人类信息传递方式的进步，而且对教育实践产生了深远的影响。从早期的信号编码到电报电码，再到现代数字编码和智能分析，编码技术的每一次跨越都伴随着教育方式的创新。未来，随着技术的不断进步，编码技术在教育领域的应用将更加深入，对教育内容、形式乃至教育理念都将产生革命性的影响。教育者和学习者需要把握这一趋势，不断适应技术发展，以实现教育的优化和创新。

教科书中最常见的编码技术形式包括文字、插图、照片、图表等，编码技术表达的形式构建了教科书的内容，并以此来完成其潜在的教育效果，努力实现知识传递的准确性和价值引导的公正性。随着编码技术的快速发展，数字化教科书已经可以通过对知识点进行数字编码，形成互动性强并生动有趣的数字资源，极大地丰富了教学手段。例如，多媒体技术能够将文字、图片、音频和视频等多种信息编码为一体，使学习内容更加直观、生动。这种技术的运用不仅提高了教学的吸引力，也有助于学生更好地理解和记忆知识点。除了数字化教科书的制作，编码技术在在线教育平台的构建上也起到了关键作用。在线教育平台通过编码技术将课程内容分解成模块化的知识单元，学生可以根据自己的进度和兴趣进行选择学习。这种灵活性正是编码技术带给教育的显著优势。《中国在线教育发展报告（2022）》显示，截至2022年，我国在线教育用户规模已经超过3亿人次，其中不少平台利用先进的编码技术提供个性化的教学服务。编码技术在教科书评估领域的应用也不容忽视。随着教育大数据的兴起，通过对学生的学习行为和成绩进行编码，教育者可以采集和分析大量数据，从而对教科书的使用效果进行更精准的评估和干预。

2. 传播技术：教科书内容传递的技术"代具"

传播技术的发展无疑极大地扩展了教育内容的传播范围，同时也改变了教科书的呈现方式和效率。传播技术的进步为教科书内容的广泛扩散提供了物质基础。

早期的教育传播依赖口头教学和纸质文本，其传播范围和速度受到了严重限制。随着印刷技术的出现，书籍和报刊成为知识传播的重要工具，标志着教育内容传播方式的重大进步。根据联合国教科文组织的数据，全球印刷出版物的数量从 20 世纪初的数百万种增长到 21 世纪初的上亿种。这一变化显著增加了教育内容的可及性，学习资源不再是少数人的特权。

进入电子时代后，电子媒介和网络技术的兴起进一步推动了传播技术的革命。电视和广播的普及使视听内容成为教育信息传播的新载体。中国国家统计局数据显示，截至 2020 年年底，中国广播、电视普及率分别达到了 98.99% 和 99.5%，电视教育成为辅助课堂教学的重要手段。进入 21 世纪，互联网技术飞速发展，与新一代信息技术，如大数据、云计算、人工智能等结合，教育内容的制作和传播更是实现了质的飞跃。传播技术的进步对教科书内容的形式和深度产生了深远的影响。数字化技术的应用使教科书不再局限于文字和图像，而是包括了视频、音频、动画等多媒体形式，极大丰富了教育资源的表现形式，提高了学习材料的吸引力和教学的互动性。

教科书作为文化传承的重要工具，在一定历史背景和社会技术环境下的传播方式是其可以成形的必要条件，与此同时，新的传播技术也会不断进入教科书。在这一过程中，值得注意的是传播技术会影响到原有教科书中编码技术的呈现。例如，教科书通过文字编码技术形成的内容，从纸质传播技术转化成多媒体传播技术后，其内涵极易在跨媒介技术的转化中出现意义的流失，甚至失真。

### 3. 解码技术：教科书教育性互动的技术"代具"

解码技术是指将编码后的信息还原为原始信息的技术。该技术在教科书传播过程中扮演着至关重要的角色，它不仅关系到信息传递的准确性和效率，也直接影响到教育信息的消化、吸收和应用。

从基础理论层面看，解码技术的研究起源于通信理论，其核心在于解决信息传递过程中的噪声干扰问题，确保信息的准确传递。香农的信息论为解码技术的发展提供了科学的理论基础，他指出，通过合理设计编码和解码规则，即使在有噪声的通信环境中也能够实现信息传输的准确性。在教科书领域，这一理论同样适用。教科书内容的编码与解码不仅需要处理文字、图像、声音等信息的转换，更要考虑到教科书内容的教育意义和情境的再现。在实践应用方面，解码技术的发展促进了多媒体教学资源的广泛使用。随着数字技术的进步，图像、视频和音频等多种媒介形式的教育资源得以在课堂上大量应用，这些资源的有效使用，依赖先进的解码技术来保证信息的完整呈现。例如，数字视频解码技术使海量的视频课程资源能够在不同的平台上流畅播放，极大地丰富了教学手段和内容。解码技术在实践中的应用不仅局限于信息的还原，更在于如何更好地适应教育的多样化需求。在个性化教学中，解码技术的应用使教师能够根据学生的接受能力和学习特点调整教学内容的呈现方式，使之更加符合学生的学习习惯。此外，随着学习分析技术的进步，解码技术也被应用于学习过程中的反馈分析，通过解读学生行为数据，为教师提供有针对性的教学建议。

## 二、技术本身的哲学分析

技术是人的延伸，一方面是因为它扩展了人的生物学机能，使人走得更快更远、看得更高更深、各种机能都得到了大幅度的提升；另一方面则是因为技术史其实就是人类自然史的一种延续，从某种意义上理解，技术是某种可以教学、可以传承的东西，它是除了人类生物遗传物质之外的人类独有的"遗传物"，像人体 DNA 一样，这种外在于人体的技术决定着人类的生存能力和生活方式，技术决定着我们成为什么样子和拥有什么习性。❶

马克思充分认识到技术对于政治革命的重大意义，所以说火药技术是封建制度的掘墓人。从历史来看，某种新技术的出现本身就可能导致政治上的动荡。但为什么发明火药的中国没有推翻封建制度建立资本主义制度呢？这是因为火药属于自然技术，刘易斯·芒福德认为，有什么样的社会技术就有什么样的自然技术。例如，在公元 71—79 年，一整套的滑轮和杠杠技术在罗马时代就已经被发明出来，但是当时的皇帝认为如果这套技术

---

❶ 胡翌霖.人的延伸——技术通史[M].上海：上海教育出版社,2020.

推行，会使奴隶无所事事，从而引起政治的动荡，因此，不许这个发明推广。❶

韦伯在《新教伦理与资本主义精神》一书中指出，正是由于资本主义精神才为机械技术的大力发展提供了崭新的社会技术的准备和条件。也就是说，没有社会技术的准备就没有自然技术的发展。例如，清朝末年，有识之士想通过引进铁路和火车来促进社会的发展，但是受到了来自社会各阶层的反对，理由是开山会打扰祖宗的安宁、修路会破坏风水，也就是说在当时的人看来，修铁路是会破坏整个社会的精神基础的。但是中华人民共和国成立以后，为了实现中国的现代化，将主要的经济、社会等资源放在了修路上，这一举措极大地促进了中国的经济和社会发展。所以，从技术哲学视角看，社会技术实际上就是一种政治行为，是政治运作。我们现在对某一技术的选择不仅是拿来现成的东西去用，而是一种经济和社会资源投入的选择，一旦选择用火车、汽车通行，我们就必须修建高速公路、铺铁轨、制定交通规则和交通法律等，而一旦高速公路、铁轨、车站、法律法规都建设好了，一个新的时代就来临了，可能还会有人因为特殊原因选择使用马车、驴车，但是这些出行工具可能已经丧失了它最开始出现的目的了。

## 三、技术哲学视域下教科书中技术本身的内涵

我国技术哲学家吴国盛认为技术是"技术作为存在论差异"，从物的层面分析，人工物可以理解为一种自然物，但是抽掉自然物后，人工物也就没什么了，因而技术就是抽掉自然物之后的"无"，就是那个"现象学的剩余者"，也就是"在起来"的能力的保持者，这个能力被海德格尔阐释为"技术"，人作为一种尚未完成的东西，必须通过技术的方式而保持一种"是"的能力。❷

综上所述，在技术哲学视域下的教科书中的技术本身具有双重内涵。

---

❶ 胡翌霖.人的延伸——技术通史［M］.上海：上海教育出版社，2020.
❷ 吴国盛.技术哲学讲演录［M］.北京：中国人民大学出版社，2016.

第一重，教科书实体作为一种教科书在物的层面上的人工物，它在各个文明和文化中都有着悠久的历史。在古代，作为人工物的教科书通常是由教育家、学者或专家编写的，用于传授特定领域的知识和技能。这些教科书不仅是学生学习的工具，也是教师进行教学的依据。随着教育体系的建立和发展，教科书成为传授和传承知识的重要媒介，在教育领域发挥着不可替代的作用。它具有教育功能，也承载着历史、文化和价值观念的重要使命，对社会和个体的影响十分深远。

第二重，抽去具体的自然物后，教科书仍是"现象学中的剩余者"，它是可以让人成为"人"的一种东西。没有这个层面的教科书，就不能完成教育对人的作用，换言之，就是人在出生后不能自然而然地成为一名足以在社会中生存和发展的人，人必然需要通过教科书进行学习后而成为特定社会及文化的人。

# 第三节　教科书与人的互构关系分析

根据前文的分析可知，教科书其实是一种具有"缺陷性"的存在，因而它需要技术作为"代具"来完成传递知识和文化的教育目的。教科书从一开始的出现就依赖一定的技术"代具"，即技术是一种教科书的"代具"补充，所以，教科书内在地需要技术。下面笔者将借助斯蒂格勒提出的"人—技术"理论进一步分析人、教科书、技术三者之间的深层关系。

## 一、斯蒂格勒对"人—技术"人性结构的技术哲学现象学分析

斯蒂格勒作为一位杰出的法国哲学家，其理论核心围绕着技术哲学、时间感念理论以及社会批判展开，形成了一套独特的哲学体系。

斯蒂格勒师承德里达并著有三卷本的《技术与时间》，该书是其技术哲学和批判理论的奠基之作。斯蒂格勒在书中从现象学立场出发，提出技术哲学视野中的人性结构理论、后种系生成记忆理论、技术药理学理论。斯

蒂格勒的技术哲学是对海德格尔技术本质的进一步发展。他认为技术不仅是工具或手段，还是一种能够塑造文化和人类存在方式的力量。他提出的"技术生命体"概念，强调技术与生命的共进化关系，技术是人类文化的一部分，不断地影响着人类的感知、认知与行为模式。斯蒂格勒的时间感念理论在哲学上有着划时代的意义。他反对传统的线性时间观念，提出了"非线性的时间性"理念，认为数字化技术改变了人们对时间的经验和理解。在斯蒂格勒看来，数字存储与通信技术导致了"时间的解构"，人类的记忆被数字化，过去、现在和未来的界限变得模糊，这对于人类的历史意识和身份认同产生了深远的影响。

在社会批判方面，斯蒂格勒继承并发展了法兰克福学派的批判理论，他批评当代社会中技术理性的泛滥导致文化贫乏和社会异化。斯蒂格勒关注数字时代的社会治理和伦理挑战，认为应当重新审视技术发展与人类福祉之间的关系，建立起符合数字时代特点的新型伦理和政治理论。斯蒂格勒的思想与当代哲学的联系在于，他的理论为当代哲学界提供了新的研究对象和视角。在技术越来越多地渗透到人类生活的各个方面时，斯蒂格勒的技术哲学为理解和评价这种变化提供了理论工具。同时，他的时间感念理论挑战了传统的历史和文化研究，促使哲学家们重新思考时间和历史的概念。此外，斯蒂格勒的社会批判为评价当代社会问题，如信息过载、隐私侵犯和社会分化等提供了深刻的洞察力。

斯蒂格勒的方法论基础植根于一种跨学科的研究取向，他不满足于单一学科的视角，而是借鉴了哲学、心理学、人类学及文化研究等领域的理论与实践，以期构建一个更全面的技术与文化现象分析框架。斯蒂格勒认为，技术的发展不仅是工具或机械的变革，更是一种文化和社会结构的深刻变迁。因此，他的研究不仅停留在技术本体的分析上，还进一步探讨技术是如何通过时间的流变影响人类的存在和社会的组织。在实践中，斯蒂格勒采用文本分析的方法解读技术哲学领域的经典著作以及当前的社会现象。他详细考察了如赫尔曼·黑塞的《玻璃球游戏》等作品中体现的对技术发展的深刻洞察，以及如何在当代社会中发现这些思想的痕迹。通过对文本的深度解读，斯蒂格勒揭示了作者们对技术本质的理解以及对未来社会形态的预见。斯蒂格勒还强调了理论批评的重要性，他认为通过批评既有理论，可以推动知识的边界向前发展。在探讨技术哲学时，斯蒂格勒不仅仅满足于阐述技术的功能和效用，更关注技术如何影响人的认知结构和社会关系。他对传统技术理论的批判，尤其是对技术决定论的批判，为我们理解技术与人之间的复杂互动提供了新的视角。斯蒂格勒的方法论实践还包括对时间感念的探索。在他看来，技术的发展与时间的概念紧密相关。他通过分析数字技术如何改变我们对时间的感知和使用，探讨了技术如何塑造现代人类的时间经验。斯蒂格勒借鉴了亨利·柏格森关于时间的哲学思想，并将其应用于对当代技术环境的分析中，使他的论点更具深度和广度。

总而言之，斯蒂格勒的学术思想在当代哲学中占据了重要位置。他的技术哲学立场不仅深化了人们对技术的理解，同时也对技术本体论提出了新的解释方式。通过他的时间感念理论，我们得以重新审视在数字化世界中的时间经验和历史理解。而他的社会批判则为我们提供了面对当代社会问题的深刻见解。可以说，斯蒂格勒的学术贡献为我们理解和应对当代哲学问题提供了新的视角和方法论，其影响深远且持续在哲学领域中发酵。

## 二、技术哲学视域下教科书与技术互构的内涵

斯蒂格勒通过柏拉图对古希腊神话的言说，开始了自己关于人的存在和技术的思考，并在此基础上阐发了人的"人—技术"存在结构的理论。这一理论也为教科书与技术的研究提供了重要启示。斯蒂格勒对人与技术的探讨有一定的诉求背景，在人类技术化生存的当代，甚至在整个人类进程中，没有一种力量如技术这样深刻地影响和决定着人类的命运，马克思、海德格尔、哈贝马斯等对此都有过思考和讨论。从某个角度讲，正是技术造就了我们今天的生存方式，是技术使人成为人、使现代人成为现代人，而教科书的根本目的亦是成就人、完善人、使人成为人，所以，人、技术、教科书之间存在天然的联系。

作为一种"缺陷存在"的教科书，天然地存在"补缺"的诉求，需要借助一些外在的"代具"来实现自身的功能，而技术显然充当了教科书的这种"代具"，帮助教科书构建一个完整的"存在"。但技术并不是教科书自有的，其来自教科书之外，只是通过一种非自然的和偶然的方式获得的一种补偿、一个"代具"。"代具"存在于教科书外，与教科书面对面，却又构成了教科书的存在本身。斯蒂格勒指出："如果一个外在的东西构成了它所面对的存在本身，那么这个存在就是存在于之外。"所以，教科书存在就是"在自身之外"的存在。教科书在自身之外存在，意味着教科书在"代具"（技术）之中存在，也就意味着技术作为"外在的东西"构成了教科书的"存在本身"，从而也就意味着教科书的存在最终要以"教科书—技术"的方式存在，即教科书的"教科书—技术"存在结构。

"教科书—技术"存在结构使教科书内部天然地构成了一种矛盾和冲突，使教科书内在地具有张力和诉求、天然地存在一种动态的要求。换言之，教科书因为自身的"缺陷"而需要去选择外在的技术作为"代具"，以实现自身的功能，而这个外在的"代具"——技术，又在不断地发展与变化着。如果作为"代具"的技术与教科书实现互动与交融，则教科书的功能将会很好地发挥；反之，则会成为教科书达成教育目的的阻碍。因此，技术的发展与依赖技术而存在的教科书之间很自然地形成了一种张力，如此循环，构成教科书变革不竭的动力。

## 三、教科书与技术互构后形成与人的四种关系

伊德的技术哲学理论是在 20 世纪技术与人类生活紧密交织的背景下应运而生的。其理论的基础植根于对技术本质的哲学思考，特别是对技术与人的关系的深入剖析。伊德认为，技术不仅仅是工具，更是人与世界互动的中介，它塑造了人的认知、行为以及社会关系。在理论的发展过程中，伊德不断地扩展和深化了他的技术哲学思想。伊德早期的工作重点在于探讨技术如何作为一种实践活动存在。伊德在《技术时代的哲学思考》一书中指出，技术实践是一种特殊的知识形式，它涉及工具、规则和技能的综

合应用。在这一理论框架中，技术不仅仅是被动地服务于人类的目的，它本身也具有一定的目的性和自主性。随着理论的不断发展，伊德将他的技术哲学思想进一步扩展到了技术与文化的关系上。他在《技术与人的命运》一书中阐述了技术如何塑造人类的世界观和价值观，同时也被人类的文化传统所影响。伊德强调，技术并不是文化的外来物，而是与文化共同进化的。技术与文化的这种动态互动关系，对教育领域提出了新的挑战和机遇。进一步地，伊德对于"人—技术"关系的探讨也涉及技术决定论与人文主义之间的辩证关系。在他的一系列著作中，伊德批判了纯粹的技术决定论观点，认为技术并不是社会发展的唯一决定因素。他提出，技术的发展同样受到社会结构、文化传统和人类意志的制约。因此，伊德运用现象学的研究方法，将人与技术的关系分为具身关系、诠释学关系、他者关系、背景关系四种类型。

1. 具身关系

具身（embodiment）在哲学上的理解是指认为人类的认知、情感和行为是与身体紧密相关的。具身理论认为人类的心智活动不是独立于身体的，而是身体和心智相互交织的结果。这意味着人类的思维和感知是通过身体与外部世界进行互动而产生的，而不是仅仅通过大脑内部的信息处理来实现的。具身理论强调身体在认知和行为中的重要性，认为人类的感知、思考和行为都是建立在身体与环境的互动基础之上。这一理论挑战了传统的对于心智活动的观念，强调身体在认知和情感中的作用，对于理解人类的行为和心智活动具有重要意义。

以视觉技术为例，伊德指出在现象学的相关性的框架中，视觉技术首先处在看的意向性之中。

"我"看—通过视觉人工物—世界

不管这种看的程度有多低，这种看至少不同于直接的或者是裸眼的看（"我"看—世界）。而这种通过人工物与世界的生存的技术关系就是具身关系，因为在这种使用情境中，"我"以一种特殊的方式将技术融入"我"的经验中，"我"是借助这些技术来感知的，并且由此转化了"我"的知觉的和身体的感觉。技术实际上处在看的人和被看的东西之间，处在中介的位置上，但是看的东西或者视觉所向却处在光学仪器的"另一边"。我们是借助光学仪器来看的。

具身关系是一种特殊的使用情境（use-context）。从技术上来讲，它们在双重意义上是相对的。首先，技术必须"适用于"使用。实际上，在具身关系的范围内，我们可以在设计上做出一些特殊的改进，以便获得必不可少的技术的"抽身而去"。因此，从具身关系的经验中也产生了一种更深层次的期望。这是一种双重的期望：一方面，我们希望完全的透明性和完全的具身，希望技术能真正"成为我"。如果这是可能的，那么这就等于没有技术，因为完全的透明就是"我"的身体和感觉，"我"希望能直接接触，这样的"我"其实就不能借助技术来经验。另一方面的期待是，拥有技术所带来的力量和转化，只有通过使用技术，"我"的身体能力才能得到提升和放大。这种提升和放大是通过距离、速度或是其他任何借助技术改变"我"的能力的方式来实现的，一般都不同于"我"的肉身具备的能力。这个期望其实本身就是相互矛盾的。"我"期望技术能实现转化，但是"我"同时也期望能意识不到技术的存在，这两种期待的矛盾蕴含在引起现实生活中对技术是持赞同还是持反对的解释之中。关于技术的这种矛盾情绪是基本含混性的一种反映，使用中的技术都具有这种含混性，但伊德指出这种含混性有自身独特的形态。具身关系展示了一种本质性的放大/缩小的结构，例如，借助望远镜的转化能力，从望远镜中所看到的月亮上的山脉景象，把月亮从它广阔的宇宙背景中移出去。但是，如果我们的技术只是复制了我们的直接经验和身体经验，那么它们将很少有用处，并最终很难引起我们的兴趣。如在一个幽默故事中，一名教授闯入俱乐部里，宣称自己刚刚发明了一种阅读机器，这种机器可以扫描书页并朗读它们，并且可以完美地复制它们。可以看出，这种机器给我们造成的问题恰恰是这种机器发明以前我们遇到的问题，用机械"阅读"来复制世界上所有的书籍就等于把我们扔在图书馆里。这个故事可以折射出在物质性的维度上，具身关系同时具有扩展与缩小、解蔽与遮蔽的效果。

### 2. 诠释学关系

目前，诠释学是一种研究文本和语言意义的学科，它主要关注如何解释和理解文本、言语和符号的意义。诠释学包括对文本、言语和符号的理解和解释，以及这些文本和符号如何被人们理解和赋予意义。而伊德所选用的"诠释学"其实是一种简单的意义，即"解释"。他将诠释学作为一种技术情境中的特殊的解释活动来理解。这种活动需要一种特殊的行为和知觉模式，这种模式类似于阅读的过程。阅读，就是"对＿＿的阅读"，在通常的情境中，填补意向性空白的是文本，也就是一些写下来的东西，但是所有的书写都需要技术，书写有自己的产物。历史上，早在像钟表或指南针这些关键技术所带来的革命之前，就人类经验领域来说，书写的发明和发展比钟表或指南针更具有革命性，书写转化了我们对语言的知觉和理解，书写是一种嵌入在技术中的语言形式。

伊德对言语和书写关系的争论中提出了口头言语与涉及物质性手段的书写过程之间的技术差别。这就打破了长久以来在欧洲大陆哲学研究中对一味强调言语优先或是书写优先的僵局。从技术的角度出发，指出书写在历史上是一种刻写，既需要使用很多技术（从刻写楔形文字的铁笔到当代写字的文字处理系统）的书写过程，也需要记录书写的物质材料（从泥板到计算机打印材料），书写是一种以技术为中介的语言。因此，伊德通过一种阅读和书写的现象学描述来研究一种新的"人—技术"的关系。

阅读是一种特殊的知觉活动和实践，它以一种非常特殊的方式牵扯到我们的身体，在一般的阅读活动和由此延伸的阅读活动中，被阅读的东西都放在眼睛的前面或下面。在视域的焦点位置上，被阅读的东西占有一定的空间，而"我"通常处在某种轻松的位置上。例如，人阅读航海图，航海图上标注着陆地和海上的位置，因此两者是同构的，因此就有一种表象上的"透明性"，航海图以特殊的方式"指向"了它所代表的东西。这种表象的"文本"同构性就是诠释学技术的一个典型例子，它不同于光学技术的例子中显示的具身性（知觉同构性）。航海图本身成了知觉的对象，而同时又将自身指向了没有直接看到的东西。在印刷文本中，表象的透明性明显不同于技术具身的知觉，文本的透明性就是诠释学的透明性，而不是知觉的透明性。在历史上，文本的透明性既不是直接的，也不是一劳永逸的，在现如今，全世界使用的标准的各种语音书写的"技术"，都是经过一系列的变更和试验过程才得以形成的相对稳定的样子。早期的书写形式是象形文字，在某种程度上类似于航海图，象形文字与它所表象的东西还保有一种表象的同构性，后来的文字与其表象越来越分离。

就像书写的变化历史一样，对于"人—技术"关系的理解也从具身关系转向了诠释学关系。例如温度计，这种技术就与人形成了典型的诠释学关系，因为当你去读温度计上的温度指数，你可以借助诠释学的"解释"知道外面的天气很冷或很热，这种解读有一种即时性，用现象学的术语来说，它是一种已经构造好的直观。但是，从知觉上来说，你看到的东西是刻度和数字，是温度计的"文本"，这种文本从诠释学上传达了"外部世界"的指称，即冷或热。从这里我们可以看出，诠释学关系变更了"人—技术—世界"关系的连续性，诠释学关系在人类面向世界实践情境中保持了技术通常具有的中介位置，但是它们也改变了"人—技术—世界"关系中的变量。

一般的意向性关系：人—技术—世界。

具身关系：（人—技术）—世界。

诠释学关系：人—（技术—世界）。

### 3. 他者关系

伊德认为除了诠释学关系外，还存在人与技术的他者关系（alterity relations）。因为伊德发现在具身关系中，如果技术强行闯入世界，而不是有利于人通过知觉和身体扩展到世界中，那么技术的对象性就必然从负面的意义上显现。然而，在诠释学关系中，仪器技术的对象性却具有一定的正面意义，对仪器本身的身体——知觉的聚焦，是它自身特定的诠释学透明性的条件。但是，什么是有关技术的关系中正面的或呈现意义的关系呢？

从哲学上来说，"他异性"这个概念来源于艾曼努尔·列维纳斯，它强调了个体与外部世界、其他个体以及超越个体的存在之间的关系。他者既可以指其他人，也可以指文化、社会、自然界等。在这个概念中，他者不仅是与自我不同的存在，同时也是构成个体认知和自我认同的重要因素。从哲学上来理解人的存在，即"我"的存在总是与他人有关联，没有他人就没有"我"自己的规定性。换言之，"我"的规定性就是在和他人相处中才得以出现，没有他者的存在，"我"自己的存在也就是空洞的。例如，你在骑马时，被你骑着的马就是他者，这匹被你骑着的马可能会听从你的指令，但也有可能是不听的，当你会骑马，骑马骑得好的时候，马是完全听你的，这个时候，你和马就形成了一种具身关系，这匹马仿佛扩大了你的腿部力量，或是行走的能力，当然这匹马并不是你自己本身，而是形成的一种关系；而当这匹马不听你的指令的时候，它就形成了与你相对的他者，它对你指令的抗拒使你和它共处在一个空间，但完全独立于你，它的反抗使你注意到自己的骑马技术或能力，也就是你本身。在这种情况下，你可以安抚马、驯服马，与马重新建立关系，以求达成你的目的。在现代生活中，汽车也是一个很好的例子，当一个人和汽车形成具身关系时，这个人就可以顺利开车，并达成自己的目的；反之，汽车坏了或是因其他原因不能正常行驶时，人与汽车就形成他者关系。

没有一种技术是完全具身的，每一种具身的技术，都是暂时的、局部的、半透明的。因此，他者关系就是必不可少的，特别是现代社会，几乎各种科学技术与人类都存在一种他者关系。正因为现代科学技术的快速发展，技术才得以从一般使用情境中脱离出来而被哲学家所关注。目前，技术进入各种自由的组合中，例如自动化的各种机器，它们一旦开动，就会自己走，自己发展。这些技术的存在不再依附于人而独立于世界，甚至在创造世界。

一般的意向性关系：人—技术—世界。

具身关系：（人—技术）—世界。

诠释学关系：人—（技术—世界）。

他者关系：人—技术—（—世界）。

4. 背景关系

在人与技术的前三种关系中，人和技术都是在互动中，人始终能够感受并关注着技术，而伊德提出的第四种人与技术关系的类型不一样。在背景关系中，人可能并没有注意到技术的存在。例如，我们今天比较熟悉的自动或半自动机器，在日常家庭的情境中，照明或供热系统大部分都是半自动或是自动技术，这些技术都需要在某一个具体的时刻启动或使机器运转，这些机器都属于现代高技术产品，照明或是加热之后就会自动地持续运转下去，这一类型的技术一旦开始运转后就会形成一种不被人所注意的背景。这就是人与技术的背景关系，在这种关系下，作为背景呈现出来的技术呈现出一种"抽身而去"的"不在场"，技术作为一种不在场的显现，它成了人的经验场域的一部分，成为当下环境的组成部分。

在背景关系中，技术处在背景的位置上，而这种位置又必须是一种不在场的显现，它是当下技术的部分或整体的场域。伊德指出技术通过与人的生活世界的不同结合方式，展示了独特的非中立性的形式，随着现代科学技术的发展，背景技术也越来越多地转化了人的经验的格式塔结构，而且正因为背景技术是不在场的显现，它们可能对经验世界的方式产生了微妙的间接影响，它们牵连到的范围更广，同样地，具有放大或缩小的选择性，这些都可以在背景关系的作用中找到。

# 第四章

# 技术的"延异"运动：技术哲学
# 视域下教科书发展的演化机制

在数字时代背景下，教科书越来越感受到来自技术变革所带来的强大压力，日益增长的知识和文化内容，越来越丰富的内容传播途径，以及多种多样的社会需求都迫使人们不得不思考：教科书本身该如何利用技术赋能自己，并以此满足新时代的教育需求？很明显的是，争论教科书内容体量、传播载体等单一技术解决方案无法回答上述问题。因此，本章从技术演化理论入手，明确教科书作为技术物层面上演化的必然性，并借鉴技术哲学中的"延异"理论系统分析教科书发展的动态演变机制，希望以此为教科书发展提供理论借鉴。

## 第一节　技术哲学视角下的技术演化理论

### 一、技术在不断演化

技术哲学家指出技术一直处在发展进化中，同时，技术的发展是有其自身规律的。例如，在人类交通工具的变迁中，从人类利用双脚走到发明车轮、然后从马车再到火车。技术哲学家认为技术是人的延伸，所以车轮是人双腿的延伸，而从车轮到火车就是技术作为一种后种系生成的"进化"，所有的新技术都脱胎于旧技术。

技术思想家布莱恩·阿瑟认为技术的进化依赖于"域"的转变。"域"是个体技术聚集成群。[1] 就如从马车到火车的转变，并不是某一单一技术的进步导致的，它需要钢铁技术的发展来提供铁轨、需要地理学的发展来开山铺路、需要统一的时间管理技术来运行火车，等等，它是一群技术的整体升级。技术进步的发展之路是一种结构深化之路，各种各样的版本会随之出现，通过"内部替换"的方式加入新组件，淘汰不合适的子技术。人类交通工具的不断升级就是一个又一个"域"的结构升级，但是唯一不变的就是所有技术的进步都是服务于人的出行需求的，即技术是人的延伸。

技术的发展进化是自下而上演化的。马特·里德利用生物学的视角对技术进行了考察，他认为人类创设的社会制度，包括一切的社会的行为和组织方式都是在人们不断试错、持续调整之后才发展起来的。[2] 他认为技术的演化是不能根据单一技术形式的变化而进行预测和创作的，例如道德，其实是人们在生活中逐渐磨合出来的规则，它的出现是为了让最大多数人获利。因而道德规范会根据人类社会生存的实际状况而不断变化。这种对技术演化的认识和刘易斯·芒福德提出的自然技术与社会技术是相互促进发展的观点有着内在的一致性。

## 二、新技术是对旧技术的延续

在探讨技术哲学对教科书发展影响的过程中，新技术对旧技术的延续性是一个不可忽略的研究维度。具体来说，新技术并非从虚空中凭空诞生，而是站在既有技术的基础上，通过升级、改良或整合多个领域的技术精粹演变而来的。在这一过程中，旧技术在新技术体系中发挥着关键的支撑和

---

❶　布莱恩·阿瑟. 技术的本质[M]. 杭州:浙江人民出版社,2018.

❷　马特·里德利. 自下而上:万物进化简史[M]. 北京:机械工业出版社,2021.

桥梁作用。例如，在数字化教科书的发展史中，可以看到传统印刷教材的内容框架和系统性知识架构得到保留并延伸，而教材的物理载体则由实体书籍逐步转变为电子书籍和在线资源。追踪分析数字化教科书的发展历程，研究者发现，尽管技术形态发生了显著变化，教科书仍旧承载了课堂教学的核心内容和学科知识的逻辑结构，证明了新技术的确来源于旧技术的扩张和延伸。此外，新技术在吸取旧技术核心元素的同时，还不断融入新的设计理念和功能需求。例如，教科书的互动性、可视化及个性化学习轨迹的定制化都是在原有技术基础上的创新性扩充。在分析了数百种纸质与数字化教科书的演变过程后，传统教科书所倚重的线性学习路径和固定的内容布局，在新技术的帮助下得到了更为灵动和开放的迭代。这一变化不仅促进了教科书内容的及时更新，更重要的是为学习者提供了更丰富的学习方式和思维维度。显然，新技术在延续旧技术的同时，也在不断通过巧妙的整合与优化为教科书赋予新的生命力和时代意义。这种在旧技术基础上进行的创新性建构，不仅延续了教材的基本功能，更为其注入了动态更新和个性化学习的新特性。不难看出，新旧技术的这种"延异"运动正是技术演化论在教科书领域具体实现的生动剖析。

## 三、旧技术潜入新技术中获得新生

技术哲学所涉及的技术演化理论主要考虑技术本身的发展轨迹，以及与之相互作用的社会文化背景。在旧技术向新技术转型的过程中，我们不仅看到了技术形态的演进，还见证了技术功能和社会需求的逐渐契合。旧技术之所以能在新技术体系中获得新生，是因为它们在新旧交替的时期具备的可塑性和适应性。例如，经典物理学的理论在量子物理学的框架下仍发挥作用，但其在解释微观粒子行为上的局限性被量子力学的演绎规律所替代和补充。这一过程是旧技术理论与新技术运动之间的一种深度互动，不仅体现在知识内容的更新中，还在新旧知识体系融合的过程中寻求均衡，推动了教科书内容构建的深层次改革。教科书作为传统知识体系的代表，有着厚实的历史积淀，然而在当今数字化、信息化浪潮的冲击下，其形态和内涵都迎来了前所未有的挑战和转机。最明显的改变是，教科书的载体由印刷纸张逐步过渡到电子屏幕，这不仅增强了信息的动态性和互动性，还大大提高了更新频率，满足了时代对快速迭代的求知要求。❶ 更为重要的是，在这一转换过程中，旧技术传递的知识结构和思维方法并没有被淘汰，而是通过新技术的手段获得再次凸显的机会，形成独特的知识传承模式。在高速发展的数字化教科书领域内，我们看到革新后的多媒体教材不仅含有文字、图片，更加入了视频、音频及交互式模拟实验等多元化的教学资源，通过模拟现实世界的复杂性，营造出更丰富和真实的学习情境。这种跨媒介的知识策略有助于学生从不同角度理解和掌握知识点，为他们提供更全面的认知视角。虽然数字化教科书在内容更新速度、互动性及个性化学习方面具备明显优势，但这同时也对教师提出了更高的要求，他们需要掌握新的教学方法和技术工具，以保证教学质量。此外，数字化教科书的广泛应用也反映出社会对教育公平性的重视，任何人只要有相应的数字设备，都可以方便地获取最新的教学资源，以实现知识的平等传播。最终，教科书发展的演化机制折射出技术哲学的深层内涵，即技术不仅是知识传递的工具，更是推动教育发展的重要动力。

## 第二节　斯蒂格勒技术哲学的"延异"观

### 一、借鉴斯蒂格勒"延异"观的必要性与合理性

斯蒂格勒将技术视为文化进化的重要驱动力，强调技术与人类社会行为和认知进程的相互塑造作用。在技术哲学领域，斯蒂格勒所倡导的"延异"观是理解技术发展动态的重要视角。"延异"，或称"迭代差异"，概念源于生物学和文化理论，用以描述事物在时间和空间中的持续演变，这一观念在教科书发展演化过程中同样适用。"延异"不仅是技术更新换代的简

---

❶　曹继东. 现象学的技术哲学[D]. 沈阳：东北大学，2005.

单序列，还是在历史脉络中对文化实践的深度介入和重塑。因此，借鉴"延异"观解析教科书的演进具备必要性与合理性，在学术领域具有开创性的意义。教科书作为一种特殊的文化技术产品，在技术的引领下，通过知识传递、学习引导与认知活动等多重功能，反过来对技术演进产生重要影响。现代数字技术的突飞猛进加速了知识传播的速度与范围，促使教科书内容、形式及其使用方式发生翻天覆地的变化。围绕这一点，笔者将在后文深入探索教科书从创生到纸质到数字化转型过程中的种种变革，揭示了技术演进与教科书发展之间的内在联系。综上所述，借助斯蒂格勒的技术哲学视角，将"延异"观应用于理解教科书的演变和发展，不仅丰富了技术演进的理论阐释，也为教科书发展的应用实践提供了新的理论基础和方法论。

## 二、斯蒂格勒对德里达"延异"观的借鉴

斯蒂格勒的研究受德里达的影响很深，在《技术与时间》一书的前言中斯蒂格勒说到："雅克·德里达的著作是这项研究之所以可能的前提。我力求在阅读德里达的过程中，既忠实原著，又要（从"延异"的各种角度）和这样一位富有感召力的导师的诱人的精神财富做抗争。"斯蒂格勒在阐述人与技术之间的原发关系时，从德里达那里引入了"延异"（différance）来说明"人—技术"结构内部的差异化运动和时间—历史性作用关系。他通过对大量古生物学、历史学和民族学领域的原始技术资料的分析，从技术"上"进入技术"之内"，用"延异"（différance）将技术与人、人与自然联系起来提出了一种新的"此在"生存性论证。斯蒂格勒研究了由东非人向新人过渡，即"人化"这一过程。在这个过程中，东非人大脑皮层的分裂过程和石器技术随石制工具的演变而进化的过程是一致的。"石器技术进化如此缓慢，以致难以想象人是这个技术进化的发明者和操织者。相反则可以假定人在这个进化中被逐渐发明。""技术既是主体也是客体。技术发明人，人也发明技术。作为发明者的技术也是被发明者。这一假设摧毁了从柏拉图到海德格尔，以及海德格尔以后的传统技术观。"

同德里达一样，斯蒂格勒通过"延异"这一概念，一方面是要统筹兼顾"差异"和"延迟"两个概念，另一方面更深层的意义在于把对立的差异或差别从运动的、相互关联的角度去把握。差异和延迟实际上就是空间和时间的"延异"，斯蒂格勒用"延异"来概括"一般性的生命历史"，其根本意义就在于，生命的历史是在遗传的内在因素和外在环境的相互影响、相互领先中实现的。

"人的发明"这一命题的关键在于将"谁"和"什么"并列：既使二者相连，又使二者相分。相关差异"既不是'谁'也不是'什么'，它是两者共同的可能性，是它们之间的相互往返运动，是二者的交合。缺了'什么'，'谁'就不存在，反之亦然。相关差异在'谁'和'什么'之外，并超越二者；它使二者并列，使它们构成一种貌似对立的联体"。"在这里，"谁"就是"人—技术"结构中的"人"，"什么"就是其中的"技术"，"人—技术"结构内部始终发生着"人"与"技术"之间"相互往返"的差异化运动，其间伴随两者的"交合"。在这个过程中，"工具即技术发明了人，而非相反，人发明工具。换言之：人在发明工具的同时在技术中自我发明——自我实现技术化的'外在化'"。

斯蒂格勒指出："人—技术"结构内部的这个差异化运动是由人的"缺陷"存在所带来的内在动力激发的，由于以技术方式存在的"人"自起源起从"娘胎"里带来的"缺陷"永世伴随着人，因此，人的技术性存在又是一个不断"补缺"的历史过程，这必然引起"人—技术"结构中的"人"与"技术"之间的相应的时间—历史性的前后错动，从而引起整体结构的变迁，这种变迁由技术的"代具"角色揭示出来。在海德格尔"此在即时间"论断的基础上，斯蒂格勒认为时间由过去走来，并经由此刻（现在）伸向未来，在时间的这种绵延中，技术在"人表现出一种时间—历史性的传承作用。"一放在前面，或者说空间一提前放置，即已经存在（过去存在）和超前（预见），即人的存在的时间—历史性是在人的"人—技术（'代具'）"结构导致的不断空间化，和由于不断"超前"所导致的空间化来的。在"人—技术"结构的内部，技术始终表现为代具性的"超"便经常性地表现出时间性的"推迟""延迟"甚至"滞后"，其经常性地处于对于代具体"超前"的"跟进"之中，即"处于代过去"。所以，由"缺陷"所激发的内在动力迫使人类踏上了自己的生活道路，并在身后留下了时间性、历史性的足迹。

在斯蒂格勒视角下，技术哲学中的"延异"被视为技术与时间的关系，反映了技术在演变过程中的连续性与断裂。斯蒂格勒借鉴了德里达关于时间与文本关系的"迟延"（différance）理念，将其拓展到了技术发展的领域。德里达在阐述迟延概念时认为，文本意义的构成是不断延后的过程，这一过程涉及时间的流动和空间的延伸。斯蒂格勒将迟延的理念用于技术哲学，认识到技术既是历史的产物，又在不断塑造新的历史条件。在斯蒂格勒看来，"延异"不仅是一种逻辑关系或文本结构，更是现代技术发展的核心逻辑。教科书作为技术演变中的文本，其发展亦是一个"延异"运动的反映。借助这一观念，我们能够更准确地理解教科书内容及其载体的演化过程。例如，电子教科书的普及就是传统印刷教科书通过数字技术的"延异"，呈现不同于纸质文本的新形态。教育模式和认知科学的发展进一步推动和丰富了"延异"运动。教科书的"延异"运动不仅是其物理属性的转变，更是教育认知实践的深化过程，在信息理论与通信技术大发展的今天，教科书内容的实时更新与知识传递的即时互动成为可能。

根据斯蒂格勒技术哲学的"延异"观，教科书不再是单一的知识传递工具，而是成了信息技术留变中的多功能节点，既携载着历史知识，又连接着当代学习者的认知需求。这一变化也隐含着教育过程中教师与学生角色的重新定义，以及学习资源获取与处理方式的根本嬗变。更进一步，教科书内容和形式的"延异"运动引发了教育实践中对于学习过程再设计的需求，学生的主体性得到强调，知识获取方式更趋多元与互动。

## 三、斯蒂格勒"延异"观的内涵：时间的空间化和空间的时间化

德里达在其哲学体系中创造"延异"一词，法语原词是"différance"，

意图区别于"différence"，即我们通常认识的"差异"。差异指的是事物间明显的区别和划分，符合常规逻辑和结构主义的思维范畴，它建立在比较和对比的基础上，倾向于明确和确定性的划界。

与之相对，"延异"不仅包含了差异的意涵，更为重要的是它强调了时间性和动态性，即事物的意义总是推迟和变化的，无法完全固化和确立。"延异"解构了传统差异观念对于静态、本质主义的依赖，从而开启了一种新的理解和认识的方式。在"延异"理念下，意义不是肯定的和现成的，而是在不断地推迟中产生和发展，它提醒人们意义的生成是一个不断展开、没有终结的过程。在语言学层面，"差异"通常指词与词之间划分的界限，而"延异"则更进一步指向这些界限本身的流动性和暧昧性。"延异"的存在突出了话语意义的不稳定性和非确定性，从而挑战了单一、固定的意义解释，在文本解读上提倡一种更为开放、多元的阅读视角。"延异"与差异之间的联系和区别构建了一种新的认知图景，在这个图景中，固定和确定性让步给了变化和可能性。"延异"观念重新定义了人们对于文本、语言及其意义构造的看法，而在教育领域，这意味着对于课程内容、教学方法乃至学习者身份的重新审视，为构建更包容和灵活的教育体验奠定了理论基础。这种理念上的转变无疑对教育实践和教育理论的深远影响提供了丰富的思考资源。相对于传统形而上学追求固定、本原性的真实和意义，德里达提出意义是暂时的、可移动的，并且总是处于变动之中。

斯蒂格勒对"延异"的哲学解读强调，意义的产生和存在并非来自某个绝对的中心点，而是通过符号的差异性和参照性关系建构起来的。这不仅指的是语言符号之间的相互关系，还涉及文化、社会等外在语境的影响。在"延异"的哲学框架下，传统的存在论被解构，存在，并非一个稳定的实体，而是一个持续生成、演化的过程。这一观点颠覆了西方长期以来对于实体论的依赖，意义不再是先验的、既定的，而是随时间推移不断地被推迟和重新配置。"延异"的过程揭示了意义建构的无穷延伸和时间性质，提示我们对于真理与知识的探索是开放性的、未完成的。

# 第三节 教科书的技术化是教科书 发展的外在表现

## 一、教科书的"缺陷性存在"激发其内在对超前的技术"代具"的跟进

教科书的"缺陷存在"使教科书内在地具备"补缺"的要求，也使教科书天然地规定着对技术"代具"属性的要求，符合教科书需要的技术才有可能进入"教科书—技术"结构内部，而不符合要求、无法为教科书提供支持的技术将被排除在结构之外，但即使是符合要求的某些技术，作为一个外在的存在者，也具有自身完整的规定性，不可能完全符合教科书的要求，在其进入教科书结构内部之初必然形成异物感和不适感，为了达到自身的"补缺"要求，"教科书"会对"技术"进行改造，使"技术"发生符合"教科书"要求的改变，成为教科书的"代具"。成为"代具"的"技术"并不能停止自身的运动，因为在"教科书—技术"结构内部，"教科书"由于对"技术"的跟进会发生技术化运动，运动变化后的"教科书"又对"技术"产生新的"代具"需求，导致"技术"产生新的变化。这个跟进过程在存在者层面就在场显现为技术的教育化过程。

教科书的演化机制，尤其是由于其存在的"缺陷"所引发的发展变革。具体来说，教科书的物理形态和内容架构在数字化和智能化时代的冲击下，逐渐显露出局限性。像传统印刷教科书的固定性和时效性问题，在很大程度上限制了知识更新的速度和教学内容的灵活性。为应对这一挑战，教科书内容的动态更新成为教科学界关注的焦点。教科书内容的实时更新对提高学生的认知能力和知识掌握具有重要意义。通过采用云计算、大数据分析等现代信息技术，教科书能够实现内容的及时迭代和个性化定制，从而有效地提高教学效率和学生的学习兴趣。此外，如何利用数字化媒介对教

科书进行改革并创新内容传递的方式，也是当前教科书发展的重要议题。例如，通过增强现实（AR）和虚拟现实（VR）等技术的应用，教科书能够转化为更具有互动性和沉浸式的学习环境，极大地拓宽了知识的表征方式和学习者的体验维度。与此同时，人工智能辅助的教学工具的运用在教科书的教学实践中也开始发挥重要作用。智能教学系统可以基于学生的学习行为和知识掌握水平，提供个性化的学习路径和教学反馈，促进了学生自主学习能力的提升和知识点的精准把握。然而，教科书在智能化升级过程中，不同教育资源和学习者条件的差异加剧了数字鸿沟的问题，并引发了学界对技术平等性的探讨。这一现象表明，教科书的"延异"运动并非一帆风顺，其发展过程中不断涌现出新的社会问题和技术挑战。因此，如何在促进教科书升级转型的同时，避免潜在的不平等和教育资源分配不均现象，已经成为教育技术领域需要解决的核心问题。总之，教科书的发展和"延异"运动是一个复杂的过程，涉及教学内容、技术革新、社会影响等多个层面，需要教育者、技术开发者和政策制定者共同努力，以实现知识传播的最大化和教育平等的优化。

## 二、超前的技术促使教科书存在的不断发展与完善

在数字化时代，教科书作为一个传统的知识传播和学习工具，正经历一场革命性的变革。人类对知识获取、处理以及传递方式的不断创新迫使教科书的物理形态和内在功能发生变化以适应新的学习需求。教科书的技术性进步可从其数字化转型得到清晰的体现。具体而言，教科书从单一的印刷媒介扩展到了互动性强、更新迅速的电子书和在线学习平台。在这一过程中，学习者的反馈和互动被赋予了前所未有的重要性，学生和教师的实时互动、个性化学习路径以及自适应学习系统的实现，都是由用户技术实践的变革所驱动的结果。数字化教科书的盛行不仅为内容的更新和丰富提供了便利，同时还通过支持多媒体和超文本链接等功能，将学习体验扩展到了传统纸质教科书所无法企及的范畴。教科书内容的动态更新，例如，不定期地在线修正和补充，确保了知识的实时性和准确性，满足了知识更

新迅猛的现代学术要求。同时，动态更新机制的确立，同样强化了教科书自身不断自我迭代的特性。媒介的互动性和创新演变，如交互式电了教材、增强现实（AR）和虚拟现实（VR）技术的教学应用，使知识的传输变得更为立体和生动，提高了学习者的参与度和体验感。除此之外，技术融合带来的教学实践变革，主要体现在教科书与教育软件、在线平台、智能教具等外围设备的紧密结合，这些技术工具的配合使用为教师提供了丰富的教学资源和方法，同时为学生创造了更个性化、互动式的学习环境。通过大数据分析和人工智能算法，教科书的数字化平台能够实现个性化学习推荐和学习过程监控，大幅度提升教学效果与学生学习成绩。数据显示，采用人工智能和大数据技术辅助的数字化教学平台，能够使学生的学习效率提升 25% 以上。尽管如此，当前教科书在数字化转型的过程中依然存在诸多挑战。其中，知识更新速度与教材制作周期的不匹配问题，使教科书难以与时俱进，这往往造成学生所学知识的时效性和前沿性不足。而数字鸿沟的现象也时有发生，即技术资源分布的不均以及部分师生对新型教学工具的适应性不足，这些问题都阻碍了教科书数字化的普及和深度应用。此外，新兴技术在教科书中的应用也离不开相关技术政策的支持，尤其是版权法、隐私保护和数据安全法律法规的完善，均对教科书数字化具有深远影响。综上所述，技术性创新在教科书发展历程中起着决定性作用。新技术的引入不仅改变了教科书内容的实现形式和获取方式，也促进了教科书作为知识传播工具的功能扩展和升级。人类技术性活动的不断创新是驱动教科书演化、提升教学和学习体验的关键动力。因此，从技术演化的角度来看，教科书的未来发展必将紧密结合最新技术趋势和教育需求，实现教科书内容和学习方式的根本性变革，以及整个教学生态系统的优化与进步。

## 三、教科书的技术化：教科书与技术之间的"延异"运动促成教科书发展的外在表现

由于教科书本身所带来的内部变革需求，以及"技术"在时间和历史上的传承作用，如果"技术"被置于"教科书"之前，那么"教科书"和

"技术"在空间上就会产生偏差。这种空间上的偏差会导致时间的延迟。因此，在"教科书—技术"的结构中，"技术"呈现出一种代具性的超前趋势，而"教科书"则表现出对"技术"的延迟和滞后。因此，"教科书"经常处于对"技术"的超前跟进中。在这个过程中，"教科书"的补缺需求和"技术"的代具性支持作用会导致"技术"的属性和力量向"教科书"转移，"教科书"会受到"技术"的代具性支持和影响，不断地构建和完善其自身的存在。这个跟进过程在存在者的层面上表现为教科书的技术化过程。在以上的"延异"运动过程中，其一，"教科书"和"技术"之间所发生的交互运动是相互融合、辩证统一的，不能将二者的运动过程分离、割裂来观察，两个运动过程是共在的；其二，"教科书"与"技术"彼此内在、相互构建，同时，它们的相互内在不是僵死的、静止地简单包含，而是一个永不停歇的相互构建运动。"教科书"与"技术"之间的"延异"运动还表明，在教科书存在内部，"技术"在影响与构建"教科书"的同时，"教科书"也在同时影响并改变着"技术"，二者通过相互交融的差异化运动共同构建出一个具有动态特征的教科书"存在"。教科书"存在"在这个差异化运动中处于不断地建构、完善与变革中。如斯蒂格勒所言，"相关差异在'谁'和'什么'之外，并超越两者，它使两者并列，使它们构成一种貌似对立的联体"。所以，"教科书"与"技术"之间的"延异"既不是"教科书"也不是"技术"，而是它们二者共同的可能性，是"教科书"和"技术"之间的相互往返运动，是二者的交合。"延异"运动在"教科书"和"技术"之外，并超越它们二者：在这个共存的相互构建过程中，"延异"使"教科书"与"技术"并列而行，共同构成完整的教科书"存在"。

当前数字化技术的广泛应用对教科书发展产生了重要影响，从在线课程、虚拟现实到人工智能辅助教学，每一次技术的引入都可能引发教育领域的教学模式和认知方式的重大转变。数字化教科书通过链接丰富的多媒体资源、提供交互性学习体验和即时性反馈，提高了学生的学习动力和兴趣，进而促进了个性化和差异化教学的实现。"教科书"与"技术"相互渗透、相互借鉴的局面不断演进，构成了教科书发展路径的主要脉络。通过分析教科书的历史演进和技术变革之间的关系，可以发现教科书内容与技术介质之间存在一种"双向塑造"的动态互动。一方面，技术介质对教科书内容的呈现方式、获取渠道及交互模式产生了深刻影响；另一方面，教科书内容的深度和广度要求技术不断升级，以适应教育的深化和拓展需求。例如，增强现实技术在教科书中的应用，为学生提供了沉浸式学习环境，使复杂概念的理解和科学原理的探索成为可能，这进一步推动了教科书内容与教学方法的协同演进，形成了更灵活、互动和多元的学习方式。这种技术与教科书内容之间的互动升华集中体现在教科书的设计思路上。传统的纸质教科书在布局和风格上早已形成稳定的模式，然而数字化教科书则在不断利用技术的力量推陈出新。比如，通过数据分析技术追踪学习者的习惯和偏好，教科书的数字化平台能够实现内容的个性化推送，为不同背景和水平的学生量身定制学习资源。此外，大数据技术对学习效果的实时监控和反馈为教科书的持续优化提供了科学依据。这些以技术为基础的创新，不仅丰富了教科书的内涵，也为其发展提供了新的方向。未来随着信息技术的不断突破和创新，"教科书"与"技术"的融合将进一步深化，教科书的发展将呈现出更多样化、智能化和互动化的趋势，从而更好地服务于教育的进步和学习者的成长。

# 第五章

# 技术哲学视域下教科书发展的
# 动因之一：外部技术的革新

郭文革在媒介技术史和教育史的基础上提出了一个教育的"技术"发展史的分析框架，并在历史发展的脉络中描绘出"技术"影响教育发展的规律❶，提出媒介技术是教育变革的内在动因❷。除此之外，郭文革还从布罗代尔"长时段"理论的视角出发，对媒介技术等相关研究成果进行了梳理，提出了一种"长时段"教育史的研究框架，将利用不同的技术分为口传时代、手抄时代、印刷时代、电子时代和数字时代五个阶段。同时从表达符号、载体和复制等属性，以及记录、复制、传播速度、传播范围等传播特征等方面，分析了不同媒介技术环境下，人类所身处的社会传播图景，以及教育实践的发展脉络。❸ 根据本书前几章的论述，技术哲学视域下的教科书具有双重内涵，一层是物质层面的，另一层则是剥离物质之后的"教科书"。因此，本章在"长时段"教育史的研究框架下，着重关注物质层面

---

❶ 郭文革.教育的"技术"发展史[J].北京大学教育评论,2011(7).
❷ 郭文革.教育变革的动因:媒介技术影响[J].教育研究,2018(4).
❸ 郭文革.教育的"技术"发展史[J].北京大学教育评论,2011(7).

的教科书，并以印刷时代产生的现代意义上的教科书作为研究教科书发展的锚定点，将教科书发展分为前教科书时代、教科书时代和后教科书时代三部分进行分析，意在指明外部技术的革新，一直以来都是教科书发展的动因之一，其内在原因在于"教科书—技术"内部存在"延异"运动，外在于教科书的技术会激发教科书自身"缺陷性存在"的补缺意识，从而形成教科书发展的技术化表现。

# 第一节 外部技术形塑了教科书发展的不同时代

## 一、前教科书时代

### 1. 造纸技术发明之前的教科书

纸张的出现无疑是知识传播史上的一次重要革命。在此之前，典籍散见于竹简与帛书之中，可谓先秦亦有教科书。在箭竹破裂声中，文墨凝重，竹简相叠，借重竹帛以传道教化，这既是知识传播的实用之策，也体现了古代教育的形制特征。然而，竹书易腐，帛书难制，不仅保存不易，携带亦不便捷，限制了知识的广泛传播。纸的发明以其轻便、易得之优势，极大地促进了文化教育的普及。当汉朝蔡伦改良制纸术，摆脱了依赖于竹帛的束缚，知识传播迈入了快速发展的新纪元。随着纸张的广泛应用，教育不再局限于贵族与学官阶层。四民皆学的设想有了落地的可能，这正是教科书发展史上的一次跨越。进入魏晋南北朝，竹简渐弃，而纸逐渐成为主流书写材料，帛书亦唯卫尚书所存。唐代以后，书籍制作已全面过渡至纸本化，这对于教科书的形制有着不言而喻的重大影响。这一时期的教科书不仅在形态上更便于复制与流动，而且在内容上也展现出更广泛的多样性，知识的序列化传播有了更广阔的空间。特别是自唐宋以降，教科书呈现了从富于典籍性向专注教学性质的转型。此外，纸张的普及为书坊业的发展创造了条件，书籍的流通与选购成为可能，进一步加快了教育的传播与进步。纸张不仅携带知识，更搭载着文明进步的足迹，乃至于塑造了一代代求知若渴的儒者风范。

### 2. 雕版印刷技术的纸质教科书

雕版印刷技术的兴起和纸张的普及为教育资源的传播提供了强有力的支持，书籍由稀缺变为可以大规模复制的信息载体。宋朝时期的雕版印刷已经能够生产出大量复本相同的书籍，这为广泛传播知识奠定了基础。纸张的逐渐替代竹简和绢帛，不仅改变了传播媒介，更降低了成本，使教科书的使用更普及。与此同时，囿于当时的印刷技术，雕版印刷的纸教科书依然保留着笨重、不便携带的缺点，而单一的文字信息也在一定程度上限制了知识的呈现方式。尽管如此，这一时期的教科书对教育领域产生了深远影响，开启了集体学习和标准化教育的先河。

## 二、教科书时代

### 1. 工业化印刷技术的教科书

在工业化时代的背景下，印刷技术的飞速进步使书籍与教科书的生产进入了一个新的阶段，大幅降低了成本，扩大了传播范围。这一时期的教科书呈现出明显的工业化印刷形态，其内容标准化、模式化的特性得到了明显的强化。随着蒸汽动力和机械化制版技术的广泛应用，工业革命进一步推动了教科书生产的自动化与规模化。尤其是印刷机械的持续革新，让教科书的生产效率得到了极大的提升，从手工活字印刷逐步转变为蒸汽动力驱动的印刷机，再到后期的自动排版技术的应用，都极大地缩短了教科书从内容创作到成书的周期。此外，纸张生产技术的进步，如木浆纸的大规模生产，也在降低教科书的成本、提高抄写效率方面起到了不可忽视的作用。在此技术发展的支撑下，教科书内容开始摆脱前工业时代手抄本的局限性，形成了版式规范、内容统一的标准化产品，使教科书成为教育体系中不可或缺的基础教学资源。更重要的是，工业化印刷技术的普及为教育的大众化提供了重要物质基础，使教科书得以广泛流通，深入到学校教育的各个层面，成为普及基础教育的重要工具。同时，印刷技术的进步也与文化的传播、社会的启蒙紧密相连，促进了教科书作为知识传递的主要载体的传播力度和广度。事实上，正是基于这种大规模印刷能力的背景，教育者得以依靠教科书传达统一的知识体系，确立了现代教育的基础框架。当然，工业化印刷形态的教科书在具备低成本、广泛传播等优势的同时，也暴露出内容更新周期长、互动性不足等局限，这些问题在信息技术快速发展的今天逐渐显现，催生出新一代数字化教科书的需求和发展。

2. 教科书从文化典籍中脱离出来

随着 18 世纪工业革命的兴起，工业化印刷技术的发展对人类文化和教育的传播产生了革命性的影响。铁制印刷机的问世、蒸汽动力的运用以及成系列的自动化技术革新，共同推动了印刷业从手工作坊型态转向大规模生产模式。特别是活字印刷技术的应用，使印刷物的排版更加灵活易变，可按需进行文字和图像的组合，极大地提高了教科书的制作效率和可获取性。胶版印刷、平版印刷的出现更是让教科书图像的印制变得清晰精美，符合了视觉传达的需求。承载知识与文化的教科书不仅在数量上得以大规模扩散，其内涵与形态也随之丰富多样，更好地服务了教育普及的目标。教科书版面设计成为可能，结合版式与图文，优化信息的传输效率，这种设计甚至进一步影响了教师的教学方法和学生的学习习惯。印刷品的标准化促进了国家教育标准的一致性和统一性，使不同地区的学生能够接触到相同的教学内容，共享知识资源。教科书的形态演进至今已有数百年的历史，发展至教科书时代的高峰，它不再仅是文化传承的静态符号体系，而是走入大众教育，成为普及知识的载体。

## 三、后教科书时代

1. 计算机技术变革传统印刷工业

随着计算机科技和互联网的迅猛发展，数字革命如一股不可抗拒的潮流淹没了传统印刷工业，无数技术被应用到了后教科书时代的制作与传播过程中。云计算的兴起和大数据技术的应用使教科书内容更新迭代的速度大大提高，不再局限于纸本书籍数年一修订的周期。HTML5、CSS3 等网页技术让教科书可以在学生的各种设备上呈现，而 JavaScript、PHP 的动态脚本语言则为教材增添了互动性与实时性，满足了学生对即时反馈和互动学习的要求。更重要的是，人工智能（AI）与机器学习（ML）技术的融入使个体化学习成为可能。利用 AI 进行学生学习模式的分析，ML 算法通过大量数据训练，个性化推荐学习资源和学习路径，全方位满足不同学生的学习需求。再比如，现代化的三维打印、虚拟现实（VR）和增强现实（AR）技术使教学内容直观、形象地在学生面前展现开来，创造出传统教科书无法比拟的沉浸式学习环境。根据近期研究，应用 VR 技术的教科书能够有效增强学生对抽象概念的理解与记忆，AR 技术则可以实时地将书本内容与现实世界连接起来，提供更加丰富的学习经验。这些技术不仅激发了学生的学习兴趣，更重要的是提高了学习效率。同时，云端平台与服务的配合使教材编写者、教育工作者和学习者之间的协作成为可能，使共享资源、反馈及持续优化的过程得以实现，这些都是传统教科书无法办到的。作为传统的知识传递者，教科书正悄然转变为学习的助推器，成为师生双方交互的媒介，正如一项研究所指出的，技术融入教科书使学生无论是在线性学习还是探索性学习均表现出更好的学业成绩与学习深度。信息技术的持续创新正在推动教科书生产、使用和教育模式的彻底革新。

2. 数字教科书正在兴起

在后教科书时代，数字教科书的崛起标志着传统教学媒介向数字化、个性化教学资源的关键性转变。数字教科书的广泛应用不再受地域和物理空间的限制，利用云计算、大数据等技术，实现了资源的高效共享和智能推荐。相较于传统教科书，数字教科书通过集成多媒体与互动模块，如视频讲解、模拟实验、在线测试等，极大地丰富了学习内容，提升了学习的动态性和趣味性，同时也方便教师根据学生的学习情况实时调整教学策略。数字教科书所具备的更新迅速、可追溯性强等特点，使其能够快速适应教育政策变化和知识更新的需求，保持教学内容的前沿性和相关性。此外，数字教科书能有效集成学习分析工具，通过捕捉学习者的行为数据，提供定制化的学习路径和反馈，支持学生的自主学习和自我评估。技术在此过程中扮演的不仅是工具的角色，更是教育模式与理念创新的催化剂。教育设计师在电子教科书的开发过程中，不断探索如何通过交互式界面和深度学习技术等，强化学习者的参与度和学习成效。当前，随着人工智能、虚拟实验室等技术的不断成熟，数字教科书有望进一步演化，实现更精准的个性化学习支持及高度模拟的实践操作环境。在这样一个多样化、互动化和智能化的学习平台上，学习者能够根据自己的兴趣和学习进度，选择合适的学习资源，高效地完成学习任务，掌握必要的知识和能力。数字教科书在未来的教育体系中所扮演的角色将越来越重要。

# 第二节　外部技术推动了教科书本身的技术化

早在文化教育尚未普及的时代，广义上的教科书多为经典文本，内容固定，以传授权威知识为主。学生通过模仿与重复来学习知识，教科书的功能主要是记载和传播学术文化。在"教科书—技术"存在中，外在于教科书的技术不断进入教科书，促使作为存在物的教科书不断完善。

## 一、教科书时代的编码技术革新

从技术史角度分析可知，文字是人类文明史上出现的最古老的技术手段之一，其目的是保存信息并再度使用。正是因为文字是一种由人类创造的技术，所以，它和所有技术形式一样，并不是一成不变的。中国的文字是世界最古老的文字之一，也是变化次数最多的编码技术之一。清末的中国可以说千疮百孔。士大夫的文化自信被来自西方列强的坚船利炮打得粉碎，一时间，中国积弱的根源成为社会各界有识之士共同关注的问题，从改变官制、扩大外交到积极开启民智、普及荣辱观，甚至是"改正朔、易服色"，以及各种"变法本源论"都在报纸上争论不休，最后催生出将国势积弱归咎于文字、文体的言论。

早在光绪十八年（1892年），闽南文士卢戆章就已在传教士拼音的启发下，完成"中国第一快切音新字"的设计。❶然而，直到三年后，《万公报》刊出《变通推原说》，卢戆章的切音字（拼音文字）主张才作为甲午战败后盛行的"本原论"之一种，得到新学社会的重视。卢戆章在文中论证切音字为"变通中国之大急务""用切音字能使通国人读无一不精"，使国家"有呼应之灵，而无违背之失，斯上下一体，血脉流通，而全体康强矣"。他强调日本战胜中国不在船坚炮利或将猛兵锐，而在于能效法泰西学校、新闻纸（报纸）、书库（图书馆），"此三大政之大原，则皆出于字"；最后借俄国学者对东北亚文字的考证，说明蒙古、满洲勃兴，亦源于文字切音。总之，环顾世界，除了"中国十八省及无字之生番而外，自余日月所照，霜露所坠，莫不以切音为字。是切音字为普天下万国之公理也"❷，甲午、戊戌之间出现了七种切音字方案，或参照罗马字，或借鉴速记法，甚者自创其中，苏州人沈学的《盛世元音》由于梁启超的揄扬而获得了广泛的关注。其论调与卢戆章类似，同样主张方今之务"变通文字为最先"：

今日议时事者，非周礼复古，即西学更新，所说如异，所志一，莫不以变通为怀。如官方、兵法、农政、商务、制造、开辟学校。余则以变通文字为最先。文字者，智器也，载古今言语心者也。文字之易难，智愚强弱之所由分也。❸沈学提出文字为"智器"，视文字为"言语心思"的工具，含有将文与"道"剥离的趋向。既然仅仅是形而下的"器"，则自然有因时制量加以取舍的必要。与文字本身的美感、精密程度或使用习惯相比，"文字之易难"，即文字能否在最短时间内成为"言语心思"的技术，事关国族的"强弱"、国民的"智愚"，是首先被考量的标准。

来自日本的"言文一致"论述为新派士人的语文变革论提供了另一系话语资源。日本通过"言文合一"完成了教育普及，这一"神话"在黄遵宪撰著的《日本国志》与《日本杂事诗注》有完整的描述。黄遵宪观察到

---

❶　卢戆章.中国第一快切音新字原序[M].∥一目了然初阶.北京:文字改革出版社,1956:1-7.

❷　卢戆章:《变通推原说》,《万国公报》(月刊)第78、81、82、85卷,光绪二十一年六月、九月、十月,光绪二十二年正月。

❸　沈学:《盛世元音原序》,《时务报》第4册,光绪二十二年八月初一日。

日文中假名与汉字的区隔，从中发现言、文发展的不平衡现象，得出"语言与文字离，则通文者少；语言与文字合，则通文者多"的判断。他将语言、文字的分合与识字率、启蒙教育的效率相联结，拓展了晚清语文变革的论述空间。甲午战争以后，康有为、梁启超一派对黄遵宪有关日本的两部著作广为推荐，而且梁启超在光绪二十二年（1896 年）为沈学《盛世元音》作序，即以黄遵宪的"言文合一论"统摄卢戆章、蔡锡勇、沈学的切音字方案。《日本国志》中关于汉字难读的一段描述，亦借梁启超此文的援引而为人所熟知："汉字多有一字而兼数音者，则审音也难；有一音而具数字者，则择字也难；有一字而具数十撇画者，则识字也又难。"梁启超在引用时，特意将原文中的"汉字"二字换为"中国文字"，并继以"华民识字之希，毋亦以此乎"一句慨叹，给读者造成了"华民"识字困难的印象。❶对于中国文字的难易分析受到了当时积贫积弱的国情限制，对中国传统文字的评价是否真实在当时已经不重要，但是，清末关于中国传统文字前途的讨论从一开始就包含论者自身的知识背景和文化认同在内。除了论理外更要有教育实际的考虑。对于在戊戌变法之前的有识之士来说，既想追求从速变革，又不愿尽弃文字、文学教养的唯一方法就是在文字教法上的难易程度上下功夫，而不是在文字的价值上评判优劣。在承认中国文字优点的前提下，引进在启蒙教育方面比较易行的西文西语、切音文字或白话、浅说，作为进入西学堂奥的捷径。熟知中国士大夫心理的李提摩太（Richard Timothy，1845—1919），正是从这一"务实"的角度比较中、西文字的难易，他认为中国"文词之富丽，字画之精工，远胜他国。惟其富丽精工，故习之也难。士人十年窗下，苦费钻研，始能成就。即学成之士，偶或荒弃，亦必强半遗忘。学者务乘年富力强之际，专意研求，而于他事实无暇讲求矣。至于洋文，虽亦不易学，究不若华文之久需时日"❷。光绪三十二年（1906 年），学部批复卢戆章所呈《切音新字》，提到："文字之难易，

---

❶ 沈学：《盛世元音原序》，《时务报》第 4 册，光绪二十二年八月初一日。

❷ 李提摩太：《宜习英文说》，《时事新论》卷八，上海广学会光绪二十年铅印本，第 13a 页。

又复与教化之广狭相为比例：识字难，则游惰不得不多；识字易，则教育自然普及。"字学习难易与教育普及程度的关系最终得到官方确认。然而，在教学实践中，《且与新字》却困难重重，在真实的蒙学教育实践中，并未得到推广。在文字的教学实践中，有识之士开始在承袭本土经验的同时，大胆借鉴外来资源，一种"读本"形式的教学用具开始兴起，这种"读本"实乃现代意义上的教科书源头。

## 二、教科书时代的传播技术革新

技术史研究指出，早在大约公元 1 世纪，中国人就发明了纸张，直到 12 世纪，纸张才传入欧洲，大约在 13 世纪时欧洲才可以开始造纸。古代中国正是有当时先进的造纸技术才为中国文化的创造与繁荣提供了坚实的技术基础。作为储存文字的重要技术形式，纸张提供了有利的物质载体，但是，与之配合的传播技术一直停留在活字印刷术上，这与后来古登堡发明的印刷机存在本质上的区别。最早将中西方印刷技术进行对比的论述是来华传教士威廉·米怜（William Milne）在 19 世纪 20 年代的记载。米怜认识到了中国印刷术历史的悠久，"印刷术至少于 9 世纪末已存在于中国"，还从易于操作的角度肯定了中国木版印刷的价值。根据既往的印刷经验，米怜详细列举了其与西方印刷术相比的缺点与优点，承认"铜活字的印刷效果要比木活字好，但是其美感不及制作精良的雕版印刷"❶。15 世纪中叶，古登堡（Gutenberg）将多项技术整合在一起，发明金属活字印刷，直接催生了被视作"新一代的书籍"的"印刷书"；紧随其后的，则是报纸杂志的出版。周期性出版物的出现，促成了一种作者与读者定期的"会面"，在信息传播上有特殊作用。这种新型出版物登陆中国的原因，与马礼逊（Morrison）及其所属伦敦传道会密切相关。马礼逊作为西方派到中国的第一位新教传教士，1813 年 7 月在给米怜的信中便提出"创办一个中文书院和建立一座印刷所"，以便在中国传教之用。

---

❶ 米怜.新教在华传教前十年回顾[M].北京外国语大学中国海外汉学研究中心翻译组,译.郑州:大象出版社,2008:103-121.

在清朝末年，有识之士逐渐认识到中西方竞争最终是一场"学战"，是对技艺背后之"学"的重视，而"学"之载体，固然包含各翻译机构的出版物，但报章的作用却十分突出。当时，来到清朝的西方人创办的报章成了传播"西学"的主要载体。因此，晚清士人也积极创办报章，以实现"上下通""中外通"为主要目标，"学"亦涵盖其中。《时务报》创刊号上刊载的梁启超《论报馆有益于国事》，以西人之大报为例说明，报中所载，包罗万象，报章也因此分为不同的类别：言政务者可阅官报，言地理者可阅地学报，言兵学者可阅水陆军报，言农务者可阅农学报，言商政者可阅商会报，言医学者可阅医报，言工务者可阅工程报，言格致者可阅各种大、算、声、光、电专门名家之报。有一学即有一报，其某学得一新义，即某报多一新闻。所谓"有一学即有一报"，各行各业皆有可阅之报，这是梁启超描绘的理想状态，将"学"与"报"联系起来，也甚为彰著。由此，梁启超肯定报馆之益，可以"奋厉新学，思洗前耻"，尤其点出报章"旁载政治、学艺要书，则阅者知一切实学源流门径，与其日新月异之迹，而不至抱八股、八韵、考据、词章之学，枵然而自大矣"❶。随后出版的不少报章同样展现出对"学"的重视。

　　直接以"新学"名义创办的报章也于 1897 年 7 月出现。由《新学报》发布的《公启》可了解，该报源自之前创设的新学会，"俾使天下学子群相观摩，以求精进日新之益"，体例"约分四科，日算，曰政，曰医，曰博物"❷。此外，该年在重庆创办的《渝报》，也定位于开"风教之先"，所重视的凡四端："一曰教，二曰政，三曰学，四曰业（学亦可称业，业亦资于学，今分士所执为学，农工商所执为业），而归重以卫教为主，明政为要。"而且，"讲学无论中西，取其切于实用，如天文、地舆、兵法、医学、算学、矿学、格、化、光、声、重、汽、电各种学"❸。晚清士人创办的报章逐步加入"学"的成分，既是"兴学"成为风潮的直接反映，也是读书人

---

❶ 《〈新学报〉公启》，《新学报》第 1 册，1897 年 8 月，第 1-2 页。

❷ 《〈新学报〉公启》，《新学报》第 1 册，1897 年 8 月，第 1-2 页。

❸ 引自：宋育仁的《学报序例》，《渝报》第 1 册，光绪二十三年十月上旬，第 8 页。

广泛介入其中的缘故，而且，不单形成"有一学即有一报"的认知，成长中的"专门之业"也依托报章得以介绍，成为推动分科知识成长的助力。1897 年《国闻报》发刊时，参与其中的严复借此总结了甲午以后报章发展的概貌，指出继《时务报》后，"踵事而起者，乃有若知新报》《集成报》《求是报》《经世报》《萃报》《苏学》《湘学》等报；讲专门之业者，则有若《农学》《算学》等报。虽复体例各殊，宗旨互异，其于求通之道则一也"。所谓"专门之业"，正是报章推动分科知识成长的写照。《农学报》与《算学报》的出现为个中典型。晚清印刷技术的快速发展推动了报章的"专门之业"，这种表述的实质就是一种"分科之学"，印刷技术深刻地改变了近代的知识背景，报章成了"学"的物质载体，为现代分科教科书的创生提供了基础。

## 三、教科书时代的解码技术革新

随着作为"学"之载体的报章，快速推动了清末"分科之学"的发展，清末学制颁布之前的数年间，蒙学用书体式就发生了迅速的转换。从前零星识字书、文法书、歌诀韵语的萌发状态一变而为多种"本"竞争的格局。当初曾断言"迄今发现唯一学习语言和文学的途径通过认真学习经书"的美国传教士潘慎文，于光绪二十七年（1901 年）王亨统的《绘图蒙学课本》作序，已难掩其夸张的口气："突如其来地，我们发现空气中弥漫着关于教授中文读写新电径的议论。有关学习中文新教法的书籍已经汗牛充栋，其数量还在增加。本地报纸上到处都是教授这种新教法的新书广告，教师们亦早已困扰于这个领域丰富芜杂所带来的尴尬。"❶ 除此之外，潘慎文作序的还有《蒙学报》所载"读本书"（1897 年以降）、南洋公学《蒙学课本》（1898 年）及《新订蒙学课本》（1901 年）、王亨统编《绘图蒙学课本》（1901 年以降）四种；稍后又出现了无锡三等公学堂《蒙学读本全书》

---

❶ 引自：朱有瓛、高时良主编《中国近代学制史料》第 4 辑，第 127 页。译自 A. P. Parker. Introduction，载王亨统编《绘图蒙学课本》二集，上海美华书馆光绪二十七年石印本，卷首。

（1902 年）及杜亚泉编《绘图文学初阶》（1902 年）两种产生较大影响者。这还不算当时新出的各种字课图说、新学歌诀、尺牍指南、文法教科书等专题教本。从以"学"的报章到文法教本，最到以"书"为体的教科书，可以被看作一个技术建构的过程，编码技术和传播技术的革新促使作为教育工具的教科书不断地在形式上进行创新，并在现实编写实践的过程中完成现代教科书的创生。

现代教科书作为被创生的教育工具，同时也成了打破中国传统教育形式的工具。传统的中国教育是一种"记诵"的教育，它需要学生通过背诵经典来学习，而现代教科书则强调"讲授"，这是一种新的知识传播方式。现代教科书带来的新的教授法和读书法覆盖了经学、史学、词章、义理之学等诸多面临古今转辙的学问门类，涉及从学塾、书院到学堂的空间和制度变化。清末分段教授法的流行也受到现代教科书兴起的影响。商务印书馆自光绪三十年（1904 年）起推出"最新教科书"系列，首创为教科书配套《教授法》的模式。以最早问世的"国文教授法"为例："《最新国文教科书》首册大致初版于光绪三十年二月初九、初十日之间，与之配套的《最新国文教科书教授法》初版版权页署'光绪三十年岁次甲辰六月十五日'，考虑到实际出书可能比所署日期更早，教科书与教授法的出版相距至多四个半月。"❶ 最终，现代教科书的创生推动了中国传统教学方式从"记诵"到"讲授"的转变，这其中蕴含着清末有志之士对中国现代教育的愿景，并影响至今。

# 第三节　外部技术革新激发教科书内部
## 对新技术的需求

## 一、外部新的技术环境构成新的技术世界

随着云计算、大数据、人工智能等数字技术的飞速发展，教育资源的

---

❶　二月初九、初十日。见《蒋维乔日记》第 1 册，第 348 页。

传播与获取方式发生了根本性变革。对教科书这一传统教育媒介而言，其发展必须适应新的技术环境，形成富有创造力的新型"人—技术"互动世界。在该世界中，教育者和学习者利用先进技术重新构建知识体系，实现教与学的革新。以增强现实（AR）、虚拟现实（VR）技术的引入为例，教科书内容由简单的平面文字图像跃升为立体互动体验，为学生提供身临其境的学习情境，极大地提升了学习的直观性和沉浸感，促进了学生对复杂概念的深入理解与记忆。互联网的普及及在线学习资源的丰富，要求教科书不再局限于纸质载体，而是需要与网络平台、移动应用等数字工具无缝集成，以支持随时随地的学习。数据分析技术在个性化教育中的应用示例：智能教科书通过收集学生的学习轨迹和行为数据，运用机器学习算法分析学生的学习效果和偏好，为每个学生提供定制化的学习建议和内容适配。这种数据驱动的教学策略，使教科书内容动态调整成为可能，课本内容和习题的选取能更贴近学生的个性化需求与能力差异。新时代背景下的教育理念、知识传播模式和学习方法，要求教科书必须借助新技术赋能来满足其发展的需求。

## 二、新的技术世界要求新的教育"工具"

在当今信息化、智能化快速发展的社会背景下，传统教育工具——纸质教科书，正经历着由新兴技术引领的重大变革。这场变革推动了新的"人—技术"世界对教育工具发展的需求升级。早期的教科书多以文字记录知识，图文并茂的书籍构成了旧时代学习的主要载体。但随着数字技术和多媒体技术等创新技术的不断渗透，教育者和学习者之间以及他们与知识之间的关系正在发生显著转变。教科书内容的编排、呈现方式及其互动性质都在迅速演进以适应技术发展的需求，而这一切正是新型教育"工具"应有的面貌。基于教育技术的升级转型，教科书的设计与制作正朝向更为智能化、个性化的方向发展。特别是人工智能技术的应用，不仅优化了个性化学习路径的构建，还提升了让更多的知识以交互性和沉浸式体验的形式呈现的可能性。智能教科书通过集成诸如虚拟现实、增强现实和自适应学习算法等创新技术使"教"与"学"更加高效，知识的获得、应用和创新得到显著优化和提升。例如，自适应学习系统能够根据学习者的反馈和学习进度动态调整教学内容和难度，实现更为精准的个性化教学。同时，这种智能化教科书还能够记录学习者的学习行为和成果，利用数据分析提供反馈并优化学习策略。在这种智能化教科书的辅助下，传统的知识静态传递方式正在转型为动态、互动的知识流，从而塑造了一种新的知识传播和学习模式。

总而言之，随着技术的快速发展，新的"人—技术"世界对教育工具提出了全新的要求。而教科书作为知识传递的关键媒介，它的创新与改造受到了前所未有的重视。教科书的未来将不再局限于纸质媒介，其可能转型为更具互动性、更加智能化的数字平台，提供更加有效、高效的教育体验，并在激发学生创新能力和批判性思维方面发挥重大作用。

## 三、教科书需要利用外部技术的革新来满足新的教育需求

在教科书的发展历程中，技术革新的作用不容小觑。随着互联网和数字技术的广泛应用，传统的纸质教科书正面临前所未有的挑战。为适应时代发展的新需求，教科书的制作和传播方式亟需依托现代技术进行转型升级。根据国家教育科学"十三五"规划重点课题的研究结果，运用增强现实（AR）、虚拟现实（VR）技术及人工智能（AI）辅助的教材已经成为提升学生学习兴趣和效率的重要手段。教科书内容与形式的创新不仅要实现知识的高效传递，更要构建互动性和个性化学习环境，以此满足新一代学生的学习需求。数字化教科书能够实时更新资料，使内容更加贴合当前社会的发展与变革，同时，通过数据分析反馈学习过程，助力教师进行教学调整和学习指导，保证教学质量。与此同时，网络教材的数据库化、智能化组成部分，如云端资源库、学习管理系统等，更是承载了丰富的教育资源和工具，有效地促进了教学与学习方式的革新。此外，移动学习设备，如平板电脑与智能手机的普及，提供了随时随地学习的可能性，强化了教科书在现代教育体系中的地位。值得注意的是，教科书数字化过程的深入

必然伴随着知识版权保护、知识更新速度与学习平台安全性等一系列新问题的产生，在推进教科书数字化进程的同时，需要相关政策、制度的完善和技术标准的制定，确保教育公平性和知识的科学、系统性，这也是后续研究者需要关注的重点问题。

# 第六章

# 技术哲学视域下教科书发展的
# 动因：内部"人"的发明

　　技术哲学的观点强调，技术不只是一种工具，它更是人类与外部世界互动的桥梁。技术塑造了人们的思维、行动和社交关系，而技术的实际应用也代表了一种独特的知识模式，涉及工具、规则和技能的综合运用。在这个理论结构里，技术不是文化的外来者，而是与文化一起共同发展的。技术与文化的这种不断变化的相互作用使技术哲学理论对纯粹的技术决定论进行了批判。技术哲学理论认为技术并不是决定社会进步的唯一因素，技术的进步会受到社会结构、文化传统和人类意志的影响。同样地，在教科书的发展过程中，我们不能盲目地坚持技术决定论的观点，认为技术是推动教科书进步的唯一因素，需要深入研究教科书发展的具体时空背景，并反思其受到的社会和文化影响。

# 第一节　"人的发明"：斯蒂格勒技术哲学启示

## 一、爱比米修斯与普罗米修斯的过失与补救

斯蒂格勒的技术哲学不断通过技术进步的镜头审视人类自身的本质变革。在对技术与人类之间关系的探索中，爱比米修斯与普罗米修斯的传说为我们提供了深刻的洞见。根据希腊神话，爱比米修斯在分配给各种生物的特质时，忽略了人类，导致人类在无能力面对自然环境下须依赖技术的恩惠来确保生存。斯蒂格勒在《技术与时间》一书中借助这一叙述，阐述了技术在塑造人类命运中的重要作用，暗示了人类自我转化的可能性与必要性，并以此修正爱比米修斯的疏忽。普罗米修斯偷取火种，并赋予人类知识，象征着技术与知识的传授，为人类提供了主宰自身命运的力量。而在斯蒂格勒的解读中，这一行为不仅是对过失的补偿，更是人类逐渐建构自我身份与环境适应能力的典范。技术进化所引发的变革要求我们重新审视和构建人的身份。不是简单地被技术所用，人类应当在技术发展的途径上成为自我更新的参与者。❶ 斯蒂格勒在《从〈存在与时间〉到〈技术与时间〉——斯蒂格勒对海德格尔的发展》中描述，海德格尔将本真性对立于技术的极致；而斯蒂格勒则看到了技术存在论价值的积极面，以器官学与药理学对技术与存在进行了批判性分析，进一步强调人与技术相互作用中的自由意志与创新能力。❷ 因此，我们被赋予了在技术革命中发明自我身份和生活方式的权力与责任。这种权力与责任要求我们认识到技术的内在双重性——它既有可能束缚我们的思维和行为，也有可能导致我们的重生

———————

❶ 张一兵.斯蒂格勒:西方技术哲学的评论——《技术与时间》解读[J].理论探讨,2017(4):57-63.

❷ 孟强.从《存在与时间》到《技术与时间》——斯蒂格勒对海德格尔的发展[J].自然辩证法研究,2023(6).

与超越。在面对技术的汹涌潮流时，斯蒂格勒告诫我们，不应消极地顺从技术的摆布，而应积极探索如何利用技术的力量重新定义人的存在，并在这一过程中，找到合适的平衡点。

## 二、技术是人类的第二起源

在斯蒂格勒的技术哲学视野下，人类的第二起源与技术的逻辑交织在一起，构成了新的存在形态和生命实践。尤其是在"谁"与"什么"之间的"延异"中，体现了技术存在论对人类自我理解的深刻挑战。技术并非简单地作为人的外在产物，而是与人的存在紧密相连，影响并转化了人的自我认知。在这个过程中，技术作为一种递进的启发力量，揭示了人类自我发明的独特性与动态性。人类的技术创造能力反映了智慧生命发展的必然性，由此驱动的技术序列展现了人在技术演进中不断自我超越和重塑的轨迹。这一轨迹并非纯粹的直线式发展，而是包含着错综复杂的技术变迁与社会实践的交互作用，如同一出精心编排的戏剧，既突显人类与技术的共舞，又显露人的自我意识在技术影响下的流变。斯蒂格勒关于技术构成此在的主张进一步明确了人是通过技术不断完成自我的发明，而非技术成为人的单纯工具或对立面。该理论突破了传统技术哲学的界限，启发人类审视技术与存在的根本性关联，从而认识到技术已成为定义人类自身的重要维度。它也提出了对技术进步的给予性、引导性和互动性的系统性思考，为现代技术环境下人的本质和角色变革奠定了理论基础。技术使人得以扩展感官和认知范围，改变了人类与世界的互动模式。随着高级技术的迅速发展，人类行为模式受到前所未有的塑造力量。这种塑造不再是单向的压迫和异化，而是一种深层次的参与和共生，其中技术成为生活实践、社交模式甚至是意义建构的核心因素。人的创新性从根本上改变了社会结构和文化表征，技术成为了人类文明演进的动力。随着技术的深入介入，人的责任意识与伦理自觉也随之发生转变。技术的发展在赋能人类的同时，也带来了新的挑战和反思，如何合理利用技术、把握人的主体性与自由成为时代的课题。

## 第二节  技术哲学视域下教科书促成"人的发明"的三重内涵

### 一、作为身份认同的"人的发明"

在探索教科书作为传承知识与文化的工具时，技术哲学不仅提供了一种全新的解释框架，也促使我们重视"人"在教科书演进中的核心作用，尤其是身份认同在这一过程中的重要性。在这一层面上，"人的创造"可被视作一种身份符号的体现，它不仅历经时间沉淀成为个体自我认知的象征，更作为一种集体记忆的媒介，影响着整个社群的价值观念与行为准则。❶

对教科书内容的选择与编排反映出社会对知识与个体身份的设定这一现象，表现出教科书在塑造社会成员自我认同和社会角色方面的深远影响力。例如，历史教科书中关于重大历史事件的记述不仅传递了客观信息，同时借助叙事框架，强化了公民的国家意识和民族身份。而在当前全球化与信息化浪潮下，教科书内容更是反映了各种文化、经济和政治力量在全球舞台上相互博弈与融合的微妙变化。以科学教育为例，课本内容的更新换代不仅是科学发现的简单堆砌，更是科学思维方式、研究范式与世界观的转变在学术领域的体现，这一转变实质上是一种对现代科学身份认同的重构。具体而言，教科书如何处理诸如气候变化、生物多样性保护等全球性问题，不仅关系到学生对于这些问题的认识和理解，也关系到他们身为地球公民的责任感与对其行动力的培养。而数字化技术的运用不仅是对教科书形式的改变，更是对教学方式和知识体系的重构，它在促进创造性思维和批判性思维的同时，也在潜移默化中影响着学生对自我、对社会和对知识的认同。通过交互式学习平台和虚拟现实技术，学生能够沉浸在更丰

---

❶ 邹红军."人的发明"的教育意蕴及其启示——斯蒂格勒技术哲学发微[J].湖南师范大学教育科学学报,2021,20(1):21-30.

富的学习环境中，体验到自我身份与技术、知识、社会的多元连接。因此，在新技术不断涌现的今日，教科书的编写与更新已不再是单向的知识传递过程，而是成了构建学生认知结构、塑造未来公民身份的重要平台，其意蕴和影响远超传统教育工具的范畴。

## 二、作为社会认同的"人的发明"

教科书作为一种特殊的知识媒介，不仅承担着教育信息的传递职能，也是社会认同形成的重要工具。在技术哲学的视域下探讨教科书的发展，必须考虑到教科书所扮演的角色不仅仅是知识的载体，更是塑造社会认同的"人的创造"行为。当前教科书的发展倾向于表现出与社会需求相适应的教育理念、知识结构和价值取向，从而调整和重构人们的社会认同感。例如，教科书中关于科技、历史的叙述，通过塑造学生对于国家进步和历史变迁的理解，培育其对社会价值和文化传承的认同，进而影响学生对于个体角色和集体归属的认识。此外，随着信息技术的发展，数字化教科书的兴起进一步加深了这一影响，使学生更加容易在互联网时代中形成跨文化的社会认同感。数以万计的信息流通过教科书进入课堂，教师和学者们致力于选取最有效、最具有启发性的内容，以培养学生批判性思考能力和问题解决能力。教科书内容中的社会学案例、经济学原理、政治学理论被精准植入课堂教学中，学生借此理解社会发展规律，增强对社会事务的敏感度和参与度。在这一点上，科技的介入不仅满足了教育多样化的需求，更推动了教育资源的优化配置，使学生得以在多元背景下构建认同感并存取知识。然而，这一过程也伴随着挑战。数据过载、分散注意力等问题在教科书数字化、多媒体化过程中日渐凸显，并对学习效果带来潜在的威胁。学生面临的信息量巨大且更新速度快，如何从其中筛选和吸收真正有价值的知识，成为当前教科书发展的关键问题。

## 三、作为文化认同的"人的发明"

教科书作为文化传承的重要媒介，其发展融入了人类文化认同的创造力，反映出文化演进的历史脉络与当代社会的价值取向。在技术哲学的视角下，教科书不仅是知识的载体，更是文化进行创新性建构的工具。随着数字化技术的普及和多媒体资源的融合，教科书的内容与形态经历了革新。文本、图像、音频及互动性模块交织成为了现代教科书的新特征。深入解析"人的创造"在文化认同层面的体现，意味着要探讨其如何透过教科书的演变这一过程，反映并强化社会的文化价值观。案例分析表明，融入本土文化元素的教科书设计能使学生在学习过程中形成对本国文化的认同感和自豪感。例如，中华诗词的引入、历史故事的复现、经典文学作品的选编都服务于构建以文化为核心的教育体验。教科书的数字化升级也在推动全球知识的交流与融合，国内外文化元素的交互出现在一定程度上模糊了文化边界，促使教科书成为文化融通的载体。在文化认同的构建中，教科书承担了传统价值与现代观念的桥梁作用。它不仅提供了对历史文化遗产的重塑机遇，更引领了未来社会价值的导向。数字化教科书的普及更是为教科书提供了全新的生长空间，其通过增加文化互动性和沉浸式体验，促进学生更加深入地理解和体会文化内涵。研究发现，采用定制化的教科书能更好地植入当地文化元素，增强学生的身份认同与文化自信。

## 第三节　"人"的不断被发明推进了教科书发展

### 一、技术进化推动人类自身特性的提高

随着全球化和技术革新的脚步不断加快，我们不仅见证了技术本身的演化，也见证了这一过程中人类行为和结构的逐步转变。在古技术学的范畴内，技术体系的演化不仅包含了技术工具和方法的演进，也深刻影响了人类行为的模式和社会结构的组织形式。技术趋势的形成在历史的长河中逐渐显露其势不可挡的自主性，其深远影响力塑造了人类认知的外延和进化的方向。技术具体化更是将抽象的概念和解决方案转化为可感知、可操

作的实体，通过人机互动创造出特定的技术产品和服务，反过来重新界定了社会运行的节奏和规则。斯蒂格勒的技术进化理论正是在这样的历史背景下产生和发展的，其指出的双重进化路径向我们揭示了一种全新的解读角度：技术不仅服务于人类，更在决定人类行为模式和生活方式的演变过程中扮演了至关重要的角色。不可忽视的是，技术进化的背后隐含的是人类自身特性的体现，即人类对于更高效、更便捷工具的自然追求和内在驱动力。这种进化并非完全建立在技术自我扩张的基础上，而是人类为了应对环境挑战和自身缺陷不断创造和进化技术，以实现生存和发展需求。斯蒂格勒对这个进化过程的洞见尤其注重对个体和群体记忆、意识形态以及文化构建的关注，认为技术不但影响物质层面的物质生产和社会实践，而且在知识生产、意义建构及认同感生成等抽象层面展现出重塑现实的强大力量。因此，古技术学视角下的技术进化绝不是孤立的、线性的历史发展简图，而是一个复杂的动态系统，其中蕴含的变量和因子相互作用推动着技术和人类社会的共同进化。

随着数字时代的发展，在技术与人类进化关系的研究中，斯蒂格勒提出的观点尤其引人注目。他认为人类的技术进化和人类自身的进化是两个交织在一起的过程，而从古人类学的角度来看，技术可以被视为人类演化过程中一个引导人向技术世界沉沦的关键因素。在古人类学视野中，技术的应用和泛滥对人类构成了一种特殊的依赖，人类逐渐将自己的本质特征以及生存方式寄托给了外在的技术手段，从而引发了向技术世界的沉沦现象。这种现象表现在人的自然属性被代具技术所异化，人开始依附于外在于自身的工具，而这种代具性的存在方式是人为了克服自身不足而必然选择的生存策略。❶ 人因缺陷而发明技术，技术反过来又塑造人，形成了一种复杂的互动关系。斯蒂格勒强调，这种沉沦不仅是偶然性的低层存在，更是对人类存在的遗忘，人类从完满的天体世界沉入物质世界，意味着灵魂

---

❶　张一兵.斯蒂格勒:西方技术哲学的评论——《技术与时间》解读[J].理论探讨，2017(4):57-63.

向肉体的堕落，引起了对人类存在意义的重大反思。❶ 技术对人的自我界定产生了巨大影响，通过对代具性技术理论的深入探索，本研究旨在剖析这种人类自我发明的背后逻辑及其社会影响。

## 二、技术与人之间存在持续的相互构建

斯蒂格勒在其技术哲学中提出了"代具"概念，深刻反映了技术与人类存在的深层次关联。所谓的"谁"与"什么"的"延异"，意指技术（"什么"）与人（"谁"）相互构建、相互形塑的过程。在斯蒂格勒看来，人类之所以能够"在—世界中—存在"，关键在于其通过技术（"代具"）来延展自己的能力，实现自我超越的同时，也不断被技术所改变和重构。这一理论解释力强，不仅说明了技术对人的发明的作用，也说明了人类自身如何在技术演进中获得新的定义和位置。在人与技术的相互作用下，"人的发明"具有更为广阔的向度和深远的意义，远超过单纯的工具使用层面。在这一过程中，技术的介入造成了人的需求和能力的相互调适与匹配。技术不仅是满足需求的工具，更是塑造和创造需求的先导，人的存在从某种程度上讲就是技术存在的产物与表现，因此，技术与人之间并非单一线性的因果关系，而是一种复杂的、动态的、持续的相互建构关系。斯蒂格勒认为技术是对人的"缺陷性"存在的补缺，技术的介入实际上消除了内在与外在的对立，每一次技术进步都使人的存在具有新的可能性和形态。这不是简单的填充或补充，而是不断创造出人与技术之间新的关系和界限。

以"现代中国人"这个词被发明为切入口，考察清末民初教科书发展状况，可以清晰地看到技术与人之间存在的相互构建关系。

清末民初时教科书革新的背后反映出中国社会在向现代转型过程中内在的需求和推动力。这场由教科书引领的知识结构和教育理念更新标志着中国人进入一次真正意义上的教育现代化。

清末民初，随着洋务运动的兴起和席卷全国的新文化运动，梁启超为

---

❶ 孟强. 从《存在与时间》到《技术与时间》——斯蒂格勒对海德格尔的发展[J]. 自然辩证法研究,2023(6).

推进中国现代化进程，提出要想建立现代国家就需要具有"国民之元气"与"中国魂"。他提出了"新民"的概念，在其著作《新民说》中提到：新民即是能够自律、自强不息，具有独立精神和社会责任感的现代公民。梁启超提出的"新民"主张，强调以西方科学和民主的精神，结合中国的实际国情，推动国民教育的发展，塑造新型的国民身份。他认为，一个国家的强盛与否，关键在于其国民的精神面貌和道德品质，因此刻画出的是一副理想的国民形象，旨在鼓励民众摆脱传统束缚，实现个性解放与思想更新。梁启超的新民思想并非空泛的理论宣扬，而是紧密结合了当时的中国社会现状和国际环境，揭示了国民性转变的必要性，并以此作为改造民族性、树立文化自信的基点。梁启超在新民思想中架构的国民身份理论，是清末民初时期，面对政治改革和文化冲击中对中国人的一种重新发明。

为了达到这一教育目标，中国现代意义上的教科书出现了空前的发展。在这一时期，新式教科书的编纂和推广成为传递西学东渐以及启蒙思想的重要渠道，深刻影响着社会的变革和现代中国人的形成。特别是教科书内容的现代化、形式的多样化，以及编纂过程中强调实用性和科学性，这些因素综合作用，孕育了中国社会的现代教育思想，培养了一代新兴的知识分子。与传统教材重经典背诵不同，新式教科书涉及自然科学、社会科学等多个知识领域，为学生提供了更加广阔的知识视野和解决问题的新方式。它们不仅传递了西方的科学知识和思维方法，更融合了中国传统文化与现代民族主义精神，形成了既开放又具中国特色的知识体系。在内容上，诸多教科书开始将科学实验、实际应用与生活实践相结合，突出理论与实践的紧密联系，通过实证的知识传授增强了学生对科技和世界认知的深度。在传播形式上，教科书的出版和流通得到了前所未有的快速发展。

# 第七章
# 技术哲学视域下教科书发展的
# 困境、原因及对策

前面已经全面分析了"教科书—技术"存在结构，指明"教科书"由于对"技术"的跟进会发生教科书的技术化运动，运动变化后的"教科书"又对"技术"产生新的"代具"需求，导致"技术"产生新的变化，这个跟进过程在"存在者"层面就在场显现为技术的教育化过程，因而，教科书发展在教科书的技术化运动和技术的教育化之间存在差异，也正是这种时间—空间性上的差异成为审视当下教科书发展中所遇到的困境的一个新的视角，为分析问题产生的原因以及寻求相应的解决方法提供了可能。

## 第一节　教科书发展的困境

伴随着信息技术的飞速进步，信息的真实性和准确性正在面临严重的考验。在技术驱动的公众讨论环境中，情感和个人信仰的影响已经超越了事实和证据的权威性，这样的社会文化环境对教科书的发展构成了严重的挑战。

## 一、教科书外部的技术环境正成为教科书发展的阻力

在现代化教育环境中，教科书的更新速度和信息量较难与数字化教学资源同步，致使其在当今技术环境中显得尤为孤立。在全球互联网快速发展的背景下，教科书所附带的知识信息量已无法满足学习者的个性化、深入学习需求，导致教科书的传统功能受到冲击。事实上，伴随着互联网和人工智能的蓬勃发展，学习者对知识的获取方式越来越便捷，教科书提供的单向知识传播模式难以与多元化、互动性强的数字化学习工具相抗衡。因此，教科书外部的技术环境不仅未成为教科书变革的助力，反而成了阻碍其发展的重要因素。以互动平台和在线教育资源为代表的数字化教学工具以其鲜活的互动性和实时更新的特征，正在替代传统教科书的功能地位。学习者日益倾向于使用这些便捷的在线资源作为学习的主要渠道。在这一趋势的影响下，学校教育体系也逐渐减少对纸质教科书的依赖，转而采用电子教科书和网络课程来构建课程体系，增加教学互动性。此外，第四次工业革命的兴起推动了教学模式的进一步改革，大数据、云计算等技术的普及为个性化学习打下了基础。在个性化和精准教育的理念下，传统教科书所承载的统一化、标准化教育模式日渐显得力不从心。未来的教科书需要融合最新的技术手段，如 AR（增强现实）、VR（虚拟现实）技术，并将人工智能用于教学内容和方法的创新中。应对本质上是思想方法和技术视野的转变，旨在从根本上改善教科书的编写、发布及使用流程，使其不再是简单的知识载体，而是激发学习兴趣、培养创新思维和实践能力的教学工具。这不仅需要从政策法规、教育理念、技术发展等宏观层面推进变革，还需要教育者、研究者和技术开发人员深入合作，确保教科书内容能够与时俱进，引领教育变革的步伐。

## 二、教科书中"技术的教育化"表现弱势

### 1. 教科书的知识权威性受到挑战

由数字信息技术的快速发展和全球化进程共同推动的互联网和社交媒体的普及，使信息传播速度和范围大大超过了以往。人们可以迅速获取海量信息，但同时也面临着辨别信息真伪的挑战。信息的来源更加多元化，网络上的"回音室效应"使人们更容易接触到与自己观点相同的信息，而忽视或排斥不同的声音。❶ 这种情况下，主观意识形态往往优先于客观事实，形成了一种"真相的相对化"，打破了以文本技术为核心的谨慎的、具有严密逻辑性的信息传播模式，在信息爆炸的今天，网络和社交媒体成为了人们获取信息的主要渠道，这导致了信息来源的多样化和去中心化。

在这样的背景下，传统的权威性知识来源，如教科书和学术期刊，其权威性和准确性受到了挑战。第一，一些人可能更倾向于相信那些符合他们预设观点的信息，哪怕这些信息缺乏科学证据或事实支持。第二，在社交媒体的推动下，信息往往以更加戏剧化、情绪化的方式传播，以吸引用户的关注，这种传播方式很容易激发人们的情绪反应，而不是理性思考。在这种环境中，教科书作为一种传播客观知识和事实的工具，面临着如何在激烈的情感化信息竞争中保持其吸引力和权威性的问题。第三，相对主义和主观真理的兴起。在这个时代，"我的事实"可能和"你的事实"并存，每个人都可以根据自己的经验和信仰构建自己的真理。这种相对主义的兴起使教科书中的客观事实和普遍真理受到了挑战。学生可能会对教科书中的内容产生怀疑，认为这只是众多可能性中的一种，而不是不容置疑的真理。与此同时，在互联网上，信息量巨大且更新迅速，使个人很难对所有信息进行验证。这种信息过载不仅使人们难以辨别信息的真伪，还可能导致注意力分散和认知负荷增加。

---

❶ 田凤.后真相时代教育舆情研究[J].华东师范大学学报(教育科学版),2022,40(3):30-39.

### 2. 教科书的文化选择被大众质疑

随着假新闻和误导性信息的增多，公众对传统媒体的信任度在下降。这种信任危机也波及教科书，学生和家长可能会质疑教科书内容选择的真实性和中立性。在文化传播迅猛的信息时代，教科书一直力图有效传达知识给学生，却忽视了教会学生如何在复杂多变的信息环境中进行批判性思考，如何辨别和评估不同信息源的可信度，以及如何在情感化和主观化的信息流中保持理性和客观。

在当前的社会媒体环境中，信息的扭曲和主观化趋势对教科书提出了挑战。教科书中选择的内容和表述常常受到大众的质疑，原因在于大众认识到教科书的编写往往受到政治、经济和文化等多重因素的影响，这可能导致某些重要事件或观点被刻意忽略或曲解。例如，历史教科书在叙述特定历史事件时，可能会因国家意识形态的差异而出现不同版本，从而影响学生对历史事实的理解和认知。教科书在介绍科学知识时，也可能会由于编写时的知识局限性而包含已被新发现所推翻的理论。随着科学研究的不断进步，一些过时的科学观点和理论仍然在教科书中占据一席之地，这不仅误导了学生，也阻碍了学生对最新科学成果的了解。再者，教科书在涉及文化和社会话题时，可能会因作者的主观判断而带有偏见。对于社会问题和文化多样性的介绍，教科书应当展现出中立和包容的态度，然而在现实中，这类内容往往体现出编者的个人偏好，甚至有时会传递出刻板印象和误解，从而影响学生对多元文化的理解和尊重。教科书的更新速度常常跟不上社会发展的步伐。由于编写、审核、出版教科书的流程较为烦琐，一些最新的社会现象、科技发展和学术成就无法及时反映在教科书中。这种文化选择的时滞成为大众对教科书文化选择时滞的主要质疑。

### 3. 教科书内容更容易被主观化解读

除了信息扭曲对教科书内容的真实性构成直接威胁外，在这样的环境中，社交媒体平台上的虚假新闻和错误信息的传播速度常超过真实信息，这不仅影响公共舆论的形成，也对教师的教书理念和方法也提出了挑战，教师在传授知识时，可能会受到自身认知偏差的影响，从而在无意中传递带有个人色彩的信息。这种情况在教授社会科学、历史等学科时尤为明显。教师可能会基于自己的立场和观点选择性地解读教科书内容，进一步加剧了信息的主观化。❶

### 三、将"教科书的技术化"等同于"技术的教育化"

在数字化浪潮和信息技术快速迭代的今天，教科书在传递知识、组织教学内容等方面暴露出明显的局限性，其在现代教育体系中的适应性和更新速度受到普遍质疑。将"教科书的技术化"视作解决方案的趋势正逐步强化，这种做法在根本上忽视了"技术的教育化"所包含的教育理念更新和学习模式转变。由此衍生的弊端表现在教科书内容更新周期长，与当下科技进步和社会发展实际需求不符，不能满足学生对即时信息和知识的需求。更严重的是，这种做法本质上是一种技术决定论的误区，即通过给教科书附加技术特性来强化其在教学资源中的主导地位，而未从根本上解决教科书在现代教育中的角色重构问题。当前，教科书的数字化进程缓慢，仍旧局限于文字和图片的静态展示，多媒体和交互性的缺乏导致学习者难以获得沉浸式的学习体验。此外，教科书的内容设计往往缺乏学习科学的支撑，未能有效地整合认知心理学、教育技术等领域的研究成果，导致知识传递和能力培养的机制不够科学、有效。

## 第二节　技术哲学视角下教科书发展困境的原因

### 一、教科书对新技术的臣服性接受

随着信息技术的不断迭代升级，教科书作为知识传承的基石，在适应技术革新的步伐上显得愈发迟缓。分析其背后原因，一方面是由于教科书

---

❶　杨帅,刘晓玫.明辨与审思:教师应对"后真相"时代挑战[J].当代教育科学,2020(6):54-58.

对新兴技术采取了一种臣服性的接受态度，这种态度不仅缺乏对技术本质的深层次理解和批判，更忽略了教科书应有的主导地位和独立性。由此，教科书的更新和变革往往停留在表层，无法从根本上与时代技术的步伐同行。举例来说，当前教科书的数字化过程往往局限于文字和图像的电子化，未能真正实现与互动技术、虚拟实验等深度融合，导致教师及学生对新兴教学媒介的接受度和运用效率远不及预期。教科书的这种臣服性接受亦表现为过分依赖技术平台的提供而非自身内容与结构的创新。又例如，虽然广泛应用的移动端教学软件使教科书内容可以随时随地被浏览，但这种浏览往往缺乏教育性的引导和批判性的思考，仅停留在文字与知识的搬运工阶段。另一方面，过度重视技术性的教科书渲染却忽视了技术的非中立性，这种非中立性意味着技术在媒介教育信息时是带有特定价值倾向和文化导向的。在这种倾向和导向下，教科书不仅失去了教育中立客观的立场，更可能丧失独立于技术工具之外的教育功能与价值，从而降低了对学习者进行深层次思维训练与能力培养的可能。

### 1. 教科书内部对超前的技术"代具"的盲目补缺

教科书所蕴含的教育理念与知识体系在现代教育技术前仅具备被动适应性的更新模式，面对快速演进的教育技术手段，教科书无法实时同步其内容与形式，从而导致知识传递的时效性和适应性不足。教科书的内容迭代与技术进步之间的滞后性恰恰体现了在新技术大潮下，教科书更新机制的盲目性和被动性，难以满足现代教育的多元化需求。这种滞后与被动的更新机制显现出教科书面对技术创新的"代具"性补缺，过分强调技术手段在内容呈现上的变革，而忽略了教科书本质上应当所承载的教育价值和知识深度。

当前，教科书在面向多媒体、互联网、数字化等前沿技术时，忽视了技术工具本身并不是自然成长的教育资源。技术的中立性问题导致教科书在借用技术的过程中，错失了深化教学内容与提升教育效果的良机。现有研究指出，应用技术于教学中不仅是简单的技术移植，它还需要教师和学习者根据实际教学和学习需求，有选择性、有目的性地进行利用与整合。

在教科书的编制过程中，这种主动选择性的缺位让技术成了仅仅用于填补教科书内容滞后的工具，而未能真正实现技术与教科书内容的优势互补。细观教科书的发展史，不难发现早期教科书更多是围绕知识的系统性和综合性进行组织，而现代技术支持下的教科书则逐渐转变为强调知识点与信息量的提升，但这并未必然导致教学质量的提高或学习效果的改善。教科书作为教育资源的组成部分，其发展应当更多考虑与教育实践的结合程度，而非仅仅是技术的附庸。教科书的创新升级需考量如何通过科学的内容组织与恰当的技术融合，促进知识的深层次理解与思维能力的培养，以此实现真正意义上的教育意义。

2. 教科书发展中忽视了"技术的非中立性"

在技术哲学的探讨中，教科书的发展不应被视为孤立的实体，其背后潜藏着对技术性的依赖与影响。教科书传统上被认为是教育过程的中立媒介，然而技术哲学视域下的深层分析揭示了这一看似中立背后的复杂性和非中立性。由于缺乏对技术内在价值和影响的充分认识，教科书在发展过程中忽视了技术的非中立属性，造成了一系列的问题和挑战。

首先，技术在教科书中的应用通常是被动接受的，开发者和使用者对技术的理解停留在工具层面，不考虑其教育理念的兼容性。在这种情况下，充斥着大量的互动多媒体和仿真模拟技术的教科书，可能会过分强调视觉刺激和娱乐性质，而忽视深度学习和批判性思维技能的培养。

其次，科技的迅猛发展给教科书内容更新带来了不小的压力，更新周期往往跟不上科技的步伐，某些领域的教科书内容可能刚刚印刷发行后不久就已过时。此外，教科书作为教学素材进行数字化转换时，往往忽视了内容和技术之间相互作用的复杂性。例如，虽然数字化教科书可以提供高度的可访问性和互动性，但它也需考虑不同学生的学习风格、认知特点以及对技术的掌握能力，否则存在加剧教育不平等的风险。进一步地，教科书的技术化往往对不具备相应技术背景的师生构成了障碍，学习和教学过程中对技术的过度依赖也可能影响学习者的自主学习能力和创造性思维的培养。

3. 新技术推动了教科书中技术的变革而非教科书的变革

在技术哲学的视野下审视教科书的发展困境，尤其是教科书内容与结构的现状，一项具体并且深刻的问题凸显出来：尽管新技术不断涌现，这些技术在教科书中的应用似乎更多地限于表层的变革，而非对教科书自身实质的改造。例如，电子版教科书的推广使学习资源更易被获取；互联网线上课堂为信息传播提供了新渠道，然而，这些改变依旧没有触及教科书在教育体系中核心角色的深层次重塑。从内容和结构两个层面剖析，我们注意到现存教科书在涵盖知识点的深度与广度上并未因技术变革而获得质的飞跃。在方法论上，教科书的使用者——教师与学生，更多地被置于技术的影响之下，而非通过技术去影响教学与学习的实践。故此，在新技术的驱使下，虽然教科书的呈现形式可能具备一定的现代感，但从教学与认知的角度来看，其所提供的学习体验、知识吸收方式及能力培养机制并没有本质的创新进步。

当前教科书内容的更新大多数依旧遵循传统的周期性修订流程，这种缺乏灵活性的模式难以适应快速发展的技术环境。对比之下，在信息科学等领域，知识的陈旧化速度极快，如云计算、大数据等领域的知识内容生命周期通常不超过几年。因此，如何将持续更新的技术知识有效地整合到教科书的内容中，成为教科书真正实现技术革新的关键所在。

## 二、教科书"内部"技术缺乏教育性指导的无序融合

1. 教科书的编码技术只在形式层面上进行组合

随着信息技术的发展，尽管各类媒介技术在形式上实现了一定程度的合并与整合，然而其内在精神实质并未达致同频，反映出一种"形合神离"的状态。❶ 这里的"形合"指的是多种媒介手段在技术层面的汇聚，如文字、图像、声音等内容形式的多元混合；而"神离"则暗示了这些融合形

---

❶ 周传虎,倪万.技术偏向:当前我国媒介融合的困境及其原因[J].编辑之友,2020 (1):25-29.

式在概念上、价值导向上以及实际应用中依旧各自为政，缺乏一个共同的核心理念和精神指引。教育出版产业的发展与技术进步紧密相关，优质的教科书内容生产本应是媒介融合的典型示例，然而在实际操作中却常常发现，教科书作为文化传播的工具，在媒介融合上显得尤为吃力。具体来看，传统的教科书内容生产仍然依赖于文字和图像的静态表述，即使加入了数字化元素，如电子书籍或者增强现实技术，这些新媒介并未与传统内容达到深度的融合，而更多地停留在表层的堆砌与叠加。"形合神离"的现象还表现为缺乏跨学科、跨文化的交流与合作。学科间的知识融合是现代教育的趋势，教科书内容生产理应打破学科壁垒，挖掘不同学科之间的内在联系，提供给学生一个立体的知识体系，然而现行的媒介融合做法往往只是在形式层面上进行组合，缺乏对教育本质的深刻洞察。这种表层的合并不足以构建知识之间的桥梁，从而削弱了教科书的教育性。

## 2. 教科书的传播技术表面融合而内在分离

在媒介技术融合的宏大叙事中，"传播渠道融合"是一个不可忽视的环节。曾经，学界和业界对该现象寄予厚望，期待通过技术手段实现内容的全面互通，然而变革并非一蹴而就。多样的传播渠道虽然在物理空间中并行发展，却往往表现出表面融合而内在分离的情况。传播渠道融合指的是传统媒体和新兴媒体通过技术手段，将多媒体内容传播至多个平台和设备的过程。理想的目标是，观众无论使用何种设备或平台都能接收到质量一致、内容完整的信息。这种情形预示着边界的消融，传统与新兴媒体的界限变得模糊，各种渠道和平台的资源共享、功能互补应成为常态。遗憾的是，现实中的融合并未达到这样的境地，即便是那些在各自领域内部实施了融合的媒体企业，也难以突破各自固守的领地，在数字技术日新月异的背景下，不同平台的升级换代速度不一，造成新、旧媒介平台的技术兼容问题。因技术门槛形成了传播渠道间的阻碍。这种技术性隔离有时转化为意识形态层面的阻碍，不同的媒体机构抱守各自的价值观念和传播宗旨，不愿意或不敢进行全面融合。经济利益的考虑也是一个不可忽略的因素。传播渠道的融合意味着各媒体必须在一定程度上放弃自身的独立性和原有的利益格局。商业媒体在竞争激烈的市场环境下，更倾向于保护自己的利益版图，而不是冒着失去读者、观众的风险全神贯注于渠道融合。除此之外，虽然用户对多样化的内容接受度正在提高，但他们在信息获取方式、习惯使用的设备以及偏好的媒介平台上有着根深蒂固的倾向，这导致不同渠道的媒介还需维持其独特性来满足特定观众群的需求。

### 3. 教科书的技术融合导致文化内容被重新编排与解释

教科书作为传承和传播知识信息的主要媒介之一，不仅承载着信息传递的功能，更承担了文化价值观的潜移默化。当媒介技术融合浪潮席卷教育领域，教科书的内容和形式难免受到冲击。在融合过程中，文化内容经常被重新编排和解释，有时为适应新媒介的要求，其原有的文化意义和教育目的可能会发生偏移，甚至丢失。这种偏移或丢失的根源，在很大程度上来自于媒介融合的技术导向性。技术平台的设计往往优先考虑信息的传播效率和用户的互动性，而忽视了文化传递的深度和广度。以数字教科书为例，虽然数字化带来了便捷的更新、个性化的学习路径和互动性的学习体验，但在不少案例中，它也降低了学习内容的文化深度，使原有的历史脉络、文学作品的内在美学、哲学思辨等元素减少，以配合快速消费的趋势。

除此之外，全球化的加剧使教科书中涉及的文化内容越来越丰富，同时也越来越复杂。媒介技术融合在推动文化交流的同时，也可能导致文化内容的异化和误读。一方面，全球性的内容制作导致了文化的均质化，使地域性文化得不到充足的呈现；另一方面，媒介技术融合中的技术也可能推动着文化元素的去真实化、去原生态化，生成了一种"虚拟文化"，在这种文化中，形式往往胜过内容，外在表象多于内在精神。❶ 这将对新一代受众的文化认同感和价值观产生重大影响。当传统文化教育被新媒体融合重构后，青少年可能会对传统文化产生误解或缺乏深入的理解。相应地，这可能对国家认同和社会凝聚力产生一定的负面影响。学生们在处理网络上

---

❶ 周传虎,倪万.技术偏向:当前我国媒介融合的困境及其原因[J].编辑之友,2020(1):25-29.

的大量信息和多样的文化表达时，或许会在认知上感到困惑，这阻碍了他们对于文化核心价值的埋解和接纳。

## 三、忽视对教科书中"人"的哲学反思

技术哲学认为，人是"于世界中存在"的，因此，"技术—世界"是反思人存在的关键。斯蒂格勒指出，人类的存在已经变得高度依赖技术这个"代具"，而这种代具性的存在彻底转变了人类的命运，最终导致了人的迷失。❶ 人类在长期对技术的依赖中失去了某些本能功能，这一转变不仅局限于物质层面，还更广泛地影响到心理和社会维度。在物质层面，随着技术的广泛应用，人类生产力得到显著提升，同时，在高度机械化的生产线上，工人的劳动技能日趋单一化，对于复杂操作的适应能力和创新思维逐步减弱，从某种意义上来讲，技术的高速发展逐步剥夺了人类对自然环境的直接感知和应对能力。在心理维度上，过度的技术在日常生活中的渗透使个体对信息的处理能力出现不同程度的依赖，数字媒体的普及让个体的注意力分散，对于人类的长期记忆和深入思考力造成潜在的削弱。在社会维度上，技术的全面介入不仅改变了人际交往的方式，还重新定义了社会结构和权力关系。例如，随着社交媒体的兴起，虚拟身份的构建变得日趋重要，人们在现实世界与虚拟空间的界限变得愈发模糊，此外，算法推荐系统对用户行为的影响也使社会分层的标准和机理产生了变化。工作伦理也受到技术发展的冲击，远程办公成为趋势，工作与生活的界限不断模糊，工作效率和工作满意度之间的关系由此重新构建。❷

教科书发展一直坚称要以人为本，然而对于人的认识单一且固化，从而在教科书发展中存在着背离教科书"育人"❸ 教育目标的风险。

---

❶　舒红跃.人在"谁"与"什么"的延异中被发明——解读贝尔纳·斯蒂格勒的技术观[J].哲学研究,2011(3):93-100.

❷　张刚要,李建中.回到教育技术实践本身:一种现象学解读[J].电化教育研究,2011(12):20-24.

❸　鲁洁.教育的原点:育人[J].华东师范大学学报(教育科学版),2008,26(4):15-22.

# 第三节　教科书发展的对策

在前面的章节里，笔者已经从教科书的存在论层面分析了教科书对技术的依赖，同时指出技术的发展必然引起教科书的变革，同时，借助德里达的"延异"运动，揭示了"教科书—技术"的发展存在超前与滞留的机制，因此，在技术哲学视角下，教科书的发展对策是一个系统的运动机制，而不是一个借助技术而产生的新教育商品，是教科书的数字化转型而不是单纯的数字化教科书产品。教科书的数字化转型是一个系统工程，涉及教育观念的更新、教学模式的改变、技术应用的创新，以及相关政策的支持等多个层面。

## 一、转变理念：从本质论转向存在论

本质主义在编写和执行教科书的过程中具有显著的局限性，它不能全面地解决教科书内容与教育目标之间存在的冲突。从技术哲学的视角出发，教科书的革新不只是在知识的刷新和传播上，更重要的是在教育观念、文化深度和技术应用的融合方面。从本质主义的角度看，教科书的进展常常只停留在固定的知识结构和模式上，很难与知识的快速更新和多样化的学习者需求保持同步。在这个信息泛滥的时代，我们需要对教科书的内容选择、组织结构以及知识的传播方法进行重新的思考和评估。与此同时，教科书的物理结构和数字化进程也给本质主义带来了前所未有的挑战。数字技术的广泛应用不仅改变了教科书的结构，而且加剧了教育资源的不均衡分布，这在一定程度上增加了教育不平等问题的复杂性。对于学习者来说，吸收知识不仅是简单的记忆和重复的练习，还需要通过互动、探索和合作来构建知识的认知结构，这样才能真正实现知识的内化和技能的应用。编写教科书的人应当深刻理解这种变革，并在教科书的设计和执行过程中更多地融入技术哲学，这不仅能帮助学生对知识有更深入的认识，还能培养他们正确处理信息的技巧和能力。

在研究教科书向数字化转型的过程中，技术哲学为我们展示了一条从存在论的视角重新审视教科书本质的全新途径。从存在论的角度分析，教科书已经不仅是传统知识的传递工具，而是一个持续变化的教育工具。随着信息技术的不断发展，它的存在形式和意义也在持续进化。技术进步对教科书的内容、形态乃至其教育作用都产生了深远的影响。技术的介入重新塑造了教科书的价值体系，导致知识的传递、交互和评估等方面都经历了本质的转变。在数字化的时代背景下，教科书的角色已经超越了简单的知识传递，它更多地致力于为学习者提供一个多维度、沉浸式的学习环境，以增强他们的学习体验并提高学习的质。面对这种变革，我们需要重新审视教科书的存在意义，不再简单地将其看作一个固定的实体，而是把教科书作为一个与学习者、教师和科技等多个方面共同构建和发展的教育资源网络。在此网络环境下，教科书与信息技术深度结合创造了一种创新的存在方式——它不仅是知识的承载者，同时也是一个交流和反馈的场所，更是个性化学习途径的策划者。因此，在编纂和应用教科书的过程中，有必要全面考量内容的深入性、逻辑性以及技术的综合应用，以确保教科书在充分发挥其教育作用的同时，也能满足数字化时代的教学要求。因此，我们可以构建一个综合性的研究体系，涵盖了教学观念、技术方法以及内容的选择等多个方面。例如，根据学科的特性和学习者的需求，结合最新的教育思想，选择合适的知识点进行编排，并运用交互设计、数据分析等技术手段，使教科书的内容具有很高的针对性和互动性。采用这种策略，我们不仅可以确保教材的知识深度和实际应用价值，还可以推动其与现代信息技术的深度融合，从而最大限度地利用教学资源，这将成为适应技术发展和推进教科书及其使用方法创新的关键策略。

## 二、坚持教育性：以"育人"为教科书发展的根本方针

当我们深入研究教科书在数字化转型中的教育观念时，教科书中的"育人"作用逐渐受到了广泛的关注。教科书不只是传递知识的工具，它更

是一个培育学生全面能力和增强思考技巧的关键途径。在数字化的大背景下，我们必须确保教科书中的"育人"理念不被边缘化，而是得到进一步的加强和深化。基于此，我们在技术哲学的视角下，以教科书的教育功能为中心，应当从以下五方面进行。

首先，教科书应当融入丰富的情感、价值观和人文关心的元素，这不仅有助于创造多样化的学习环境，同时也有助于学生道德品质的塑造。在制定教科书的过程中，我们需要跳出传统的纯知识教学模式，整合道德教育和情感教育等全方位的教育元素，确保学生在掌握知识的同时，也能增强他们的社会责任感和公民意识。其次，教科书的数字化进程应当致力于支持学生的全面发展。通过运用尖端的教育科技，例如人工智能在教学中的辅助作用和智能数据分析技术，我们能够构建一个多角度的学习途径。通过运用数据分析手段，结合学生的学习习惯和他们的反馈，为他们提供量身定制的学习建议和方向，旨在提高学生的学习积极性和成果。这一技术是基础的个性化学习方法旨在确保教育公平性的前提下，最大限度地满足各种学生的学习要求。再次，应该致力于推进教科书内容的深度刷新和与时代的匹配。教科书应当紧跟时代的步伐和社会的演变，及时整合最新的科学发现、技术创新以及国家发展的新观念和新策略。为了确保教科书的质量和时效性，需要依赖专业团队持续地对其内容进行评估和更新，从而协助学生确立正确的世界观、价值观及人生观。此外，通过整合线上和线下的教育资源，可以创造出多种教学环境，从而增强学生的实践技能和创新思维。实施以项目为基础的教学方法，增强学生之间的团队合作和问题解决技巧，确保教科书能够作为学生与时代同步进步的纽带。最后，应当重视教科书在教育过程中的道德考量，并激励学生培养其批判性思考和独立评估的能力。建立一个教育技术的伦理指导体系，并结合技术哲学对数字教科书进行持续的反思和完善，以避免技术在教学过程中的过度依赖和滥用，确保教育技术能够真正服务于人的全面发展。

# 第八章
# 教科书在"人"的不断
# 被发明中发展

技术不仅服务于人类，更在决定人类行为模式和生活方式的演变过程中扮演了至关重要的角色。不可忽视的是，技术进化的背后隐含的是人类自身特性的体现，即人类对于更高效、更便捷工具的自然追求和内在驱动力。这种进化并非完全建立在技术自我扩张的基础上，而是人类为了应对环境挑战和自身缺陷性，不断创造和进化，以实现生存和发展需求。教科书对这个进化过程提供了对个体和群体记忆、意识形态及文化构建的支撑。从技术哲学的理论重新认识教科书，就会发现教科书发展并不单单只受到来自物质层面的技术变革冲击，同时，教科书自身还在知识生产、意义建构及认同感生成等抽象层面展现出重塑现实的强大力量。

正如斯蒂格勒在其技术哲学中提出的"代具"概念，它就深刻地反映了技术与人类存在的深层次关联。所谓的"谁"与"什么"的"延异"，意指技术（"什么"）与人（"谁"）相互构建、相互形塑的过程。在斯蒂格勒看来，人类之所以能够"在—世界中—存在"，关键在于其通过技术（"代具"）来延展自己的能力，在实现自我超越的同时，也不断被技术所改变和重构。从理论上讲，作为物质层面上的教科书本身就是一种技术，它能够成为技术性"代具"去弥补人先天的"缺陷性存在"，从而揭示了教科书对"人的发明"的作用，同时，也说明了人类自身可以通过教科书这一技术形式使"人"获得新的定义和位置。百年前，梁启超提出的"新民"主张，强调以西方科学和民主的精神，结合中国的实际国情，推动国民教育的发展，塑造新型的国民身份，这对当时生活在旧中国的人们来说，无疑是对其的一种重新发明。"我可以是……"，而这里的"是"就是一种可能，一种力量。观念再好也无法促成现实的转变，唯有技术力量可以使其落地，在当时，辅以新技术的教科书成了铸造现代中国人的可以具体使用的教育技术，人们通过教科书看到了新的自己、新的世界、新的未来！时至今日，教科书发展既要利用新技术提高物层面的教科书，更要将教科书视为一种可以对"人"进行教育性活动的技术去设计、去使用。

# 参考文献

## 一、著作类

[1]　石鸥.教科书概论[M].广州:广东教育出版社,2019.

[2]　石鸥.百年中国教科书论[M].长沙:湖南教育出版社,2013.

[3]　石鸥.弦诵之声——百年中国教科书的文化使命[M].长沙:湖南教育出版社,2019.

[4]　王攀峰.教科书研究方法论[M].广州:广东教育出版社,2019.

[5]　刘海民.教育学概论[M].北京:北京师范大学出版社,2015.

[6]　扬·阿斯曼.文化记忆[M].北京:北京大学出版社,2015.

[7]　扬·阿斯曼.宗教与文化记忆[M].北京:商务印书馆,2018.

[8]　阿莱达·阿斯曼.回忆空间[M].北京:北京大学出版社,2016.

[9]　阿莱达·阿斯曼.记忆中的历史:从个人经历到公共演示[M].南京:南京大学出版社,2017.

[10]　马丁·海德格尔.存在与时间[M].北京:商务印书馆,2018.

[11] 马克思,恩格斯.德意志意识形态[M].北京:人民出版社,2019.

[12] 马丁·海德格尔.演讲与论文集[M].北京:商务印书馆,2018.

[13] 迈克尔·英伍德.牛津通识读本:海德格尔[M].刘华文,译.北京:商务印书馆,2013.

[14] 马尔库塞.单向度的人[M].上海:上海译文出版社,2008.

[15] 约翰·B.汤普森.意识形态与现代文化[M].南京:译林出版社,2019.

[16] 戴安娜·克兰.文化生产:媒体与都市艺术[M].南京:译林出版社,2012.

[17] 安东尼·吉登斯.现代性的后果[M].南京:译林出版社,2022.

[18] 查尔斯·泰勒.现代社会想象[M].南京:译林出版社,2020.

[19] 杰弗里·丘比特.历史与记忆[M].南京:译林出版社,2021.

[20] 本尼迪克特·安德森.想象的共同体:民族主义的起源与散布[M].上海:上海人民出版社,2016.

[21] 保罗·威利斯.学做工:工人阶级子弟为何继承父业[M].南京:译林出版社,2013.

[22] 汤姆·斯丹迪奇.社交媒体简史:从莎草纸到互联网[M].北京:中信出版集团,2019.

[23] 马丁·普克纳.文字的力量:文学如何塑造人类、文明和世界历史[M].北京:中信出版集团,2019.

[24] 赫克托·麦克唐纳.后真相时代[M].民主与建设出版社,2019.

[25] 戴维·克劳利,保罗·海尔.传的历史[M].董璐,何道宽,王树国,译.北京:北京大学出版社,2018.

[26] 梁颐.理解媒介环境学[M].北京:北京大学出版社,2020.

[27] 刘易斯·芒福德.技术与文明[M].北京:中国建筑工业出版社,2009.

[28] 张笑天.技术与文明[M].桂林:广西师范大学出版社,2021.

[29] 布莱恩·阿瑟.技术的本质[M].杭州:浙江人民出版社,2018.

[30] 胡军.哲学是什么[M].北京:北京大学出版社,2015.

[31] 赵敦华.西方哲学简史[M].北京:北京大学出版社,2001.

［32］ 莎拉·贝克韦尔.存在主义咖啡馆:自由、存在和杏子鸡尾酒[M].北京:北京联合出版公司,2017.

［33］ 刘擎.刘擎西方现代思想讲义[M].北京:新星出版社,2021.

［34］ 陈嘉映.价值的理由[M].上海:上海文艺出版社,2021.

［35］ 陈嘉映.哲学·科学·常识[M].北京:中信出版集团,2018.

［36］ 柏拉图.柏拉图对话集[M].北京:商务印书馆,2021.

［37］ 唐·伊德.技术哲学导论[M].上海:上海大学出版社,2017.

［38］ 胡翌霖.什么是技术[M].长沙:湖南科学技术出版社,2020.

［39］ 胡翌霖.技术哲学导论[M].北京:商务印书馆,2021.

［40］ 胡翌霖.媒介史强纲领[M].北京:商务印书馆,2019.

［41］ 胡翌霖.科学文化史话[M].北京:北京大学出版社,2014.

［42］ 胡翌霖.过时的智慧——科学通史十五讲[M].上海:上海教育出版社,2020.

［43］ 胡翌霖.人的延伸——技术通史[M].上海:上海教育出版社,2020.

［44］ 桑新民.呼唤新世纪的教育哲学——人类自身生产探秘[M].北京:教育科学出版社,1993.

［45］ 吴国盛.技术哲学经典读本[M].上海:上海交通大学出版社,2008.

［46］ 吴国盛.技术哲学讲演录[M].北京:中国人民大学出版社,2016.

［47］ 林德宏.科技哲学十五讲[M].北京:北京大学出版社,2004.

［48］ 颜士刚.教育技术哲学十五讲[M].北京:中国社会科学出版社,2021.

［49］ 张楚廷.课程与教学哲学[M].北京:人民教育出版社,2003.

［50］ 单美贤.论教育场中的技术[M].北京:商务印书馆,2011.

［51］ 贝尔纳·斯蒂格勒.技术与时间 1[M].裴程,译.南京:译林出版社,2019.

［52］ 贝尔纳·斯蒂格勒.技术与时间 2[M].裴程,译.南京:译林出版社,2019.

［53］ 贝尔纳·斯蒂格勒.技术与时间 3[M].裴程,译.南京:译林出版社,2019.

［54］ 马歇尔·麦克卢汉.理解媒介:论人的延伸［M］.何道宽,译.南京:译林出版社,2019.

［55］ 马歇尔·麦克卢汉.昆廷·菲奥里.杰罗姆·阿吉尔.媒介即按摩［M］.何道宽,译.北京:机械工业出版社,2016.

［56］ 马歇尔·麦克卢汉.昆廷·菲奥里.杰罗姆·阿吉尔.媒介与文明［M］.何道宽,译.北京:机械工业出版社,2016.

［57］ 马歇尔·麦克卢汉.特伦斯·戈登.余韵无穷麦克卢汉［M］.何道宽,译.北京:机械工业出版社,2016.

［58］ 哈罗德·伊尼斯.传播的偏向［M］.何道宽,译.北京:中国传媒大学出版社,2018.

［59］ 哈罗德·伊尼斯.帝国与传播［M］.何道宽,译.北京:中国传媒大学出版社,2015.

［60］ 尼尔·波斯曼.技术垄断［M］.何道宽,译.北京:中信出版社,2019.

［61］ 尼尔·波斯曼.娱乐至死［M］.章艳,译.北京:中信出版社,2015.

［62］ 尼尔·波斯曼.童年的消逝［M］.吴燕莛,译.北京:中信出版社,2015.

［63］ 尤瓦尔·赫拉利.人类简史:从动物到上帝［M］.林俊宏,译.北京:中信出版社,2017.

［64］ 尤瓦尔·赫拉利.未来简史:从智人到智神［M］.林俊宏,译.北京:中信出版社,2017.

［65］ 尤瓦尔·赫拉利.今日简史:人类命运大议题［M］.林俊宏,译.北京:中信出版社,2018.

［66］ 约瑟夫·E.奥恩.教育的未来［M］.李海燕,王秦辉,译.北京:机械工业出版社,2019.

［67］ 阿兰·柯林斯,里查德·哈尔.教育大变局——技术时代重新思考教育［M］.上海:华东师范大学出版社,2020.

［68］ 尼古拉·尼葛洛庞蒂.数字化生存［M］.胡泳,范海燕,译.北京:电子工业出版社,2018.

［69］ 刘涵宇.数字化思维:传统企业数字化转型指南［M］.北京:机械工业出版社,2022.

［70］ 陈春花.价值共生:数字化时代的组织管理［M］.北京:人民邮电出版社,2021.

［71］ 张晓.数字化转型与数字治理［M］.北京:电子工业出版社,2021.

［72］ 曼努埃尔·迪亚斯.数字化生活［M］.苏雷,译.北京:中国人民大学出版社,2020.

［73］ 维克托·迈尔·舍恩伯格,肯尼思·库克耶.大数据时代［M］.盛杨燕,周涛,译.杭州:浙江人民出版社,2013.

［74］ 克劳斯·施瓦布.第四次工业革命［M］.北京:中信出版社,2016.

［75］ 潘新民.数字化时代学生学习方式转型研究［M］.重庆:重庆大学出版社,2019.

## 二、论文文献类

［1］ 谢昌蓉.意识的本质——对传统教科书的存疑［J］.陕西师范大学学报(哲学社会科学版),1998(S2):55-57.

［2］ 桑新民.技术—教育—人的发展(上)——现代教育技术学的哲学基础初探［J］.电化教育研究,1999(2):3-7.

［3］ 桑新民.技术—教育—人的发展(下)——现代教育技术学的哲学基础初探［J］.电化教育研究,1999(3):30-32,42.

［4］ 祝智庭.关于教育信息化的技术哲学观透视［J］.华东师范大学学报(教育科学版),1999(2):11-20.

［5］ 李三虎,赵万里.社会建构论与技术哲学［J］.自然辩证法研究,2000(9):27-31,37.

［6］ 丁朝蓬.教材评价的本质、标准及过程［J］.课程·教材·教法,2000(9):36-38.

［7］ 高亮华."技术转向"与技术哲学［J］.哲学研究,2001(1):24-26,80.

[8] 张华夏,张志林.从科学与技术的划界来看技术哲学的研究纲领[J].自然辩证法研究,2001(2):31-36.

[9] 赵建军.技术本质特性的批判性阐释[J].自然辩证法研究,2001(3):35-38,66.

[10] 陈昌曙,远德玉.也谈技术哲学的研究纲领——兼与张华夏、张志林教授商谈[J].自然辩证法研究,2001(7):39-42,52.

[11] 夏保华,陈昌曙.简论技术创新的哲学研究[J].自然辩证法研究,2001(8):18-21,35.

[12] 陈文化,沈健,胡桂香.关于技术哲学研究的再思考——从美国哲学界围绕技术问题的一场争论谈起[J].哲学研究,2001(8):60-66.

[13] 刘则渊.马克思和卡普:工程学传统的技术哲学比较[J].哲学研究,2002(2):21-27,59.

[14] 狄仁昆,曹观法.雅克·埃吕尔的技术哲学[J].国外社会科学,2002(4):16-21.

[15] 李伯聪.努力向工程哲学领域开拓[J].自然辩证法研究,2002(7):36-39.

[16] 安维复.走向社会建构主义:海德格尔、哈贝马斯和芬伯格的技术理念[J].科学技术与辩证法,2002(6):33-38.

[17] 黄欣荣.论芒福德的技术哲学[J].自然辩证法研究,2003(2):54-57,62.

[18] 苏鸿.论中小学教材结构的建构[J].课程·教材·教法,2003(2):9-13.

[19] 桑新民.现代教育技术学基础理论创新研究[J].中国电化教育,2003(9):26-36.

[20] 李龙.教育技术学科的定位——二论教育技术学科的理论与实践[J].电化教育研究,2003(11):18-22.

[21] 石中英.本质主义、反本质主义与中国教育学研究[J].教育研究,2004(1):11-20.

[22] 陈凡,曹继东.现象学视野中的技术——伊代技术现象学评析[J].自然辩证法研究,2004(5):57-61.

[23] 石鸥,赵长林.科学教科书的意识形态[J].教育研究,2004(6):72-76.

[24] 韩连庆.技术与知觉——唐·伊德对海德格尔技术哲学的批判和超越[J].自然辩证法通讯,2004(5):38-42,37-110.

[25] 王大洲,关士续.技术哲学、技术实践与技术理性[J].哲学研究,2004(11):55-60.

[26] 王国豫.德国技术哲学的伦理转向[J].哲学研究,2005(5):94-100.

[27] 石鸥.关于基础教育课程改革的几点认识[J].教育研究,2005(9):28-30,96.

[28] 俞红珍.教材的"二次开发":涵义与本质[J].课程·教材·教法,2005(12):9-13.

[29] 冯建军.主体教育理论:从主体性到主体间性[J].华中师范大学学报(人文社会科学版),2006(1):115-121.

[30] 沈珠江.论科学、技术与工程之间的关系[J].科学技术与辩证法,2006(3):21-25,109-110.

[31] 王建设."技术决定论"与"社会建构论":从分立到耦合[J].自然辩证法研究,2007(5):61-64,69.

[32] 吴国盛.芒福德的技术哲学[J].北京大学学报(哲学社会科学版),2007(6):30-35.

[33] 张明国.技术哲学视阈中的生态文明[J].自然辩证法研究,2008(10):40-45.

[34] 陈凡,傅畅梅.现象学技术哲学:从本体走向经验[J].哲学研究,2008(11):102-108.

[35] 鲁洁.教育的原点:育人[J].华东师范大学学报(教育科学版),2008,26(4):15-22.

[36] 石鸥,李祖祥.教科书的空无内容与教师的应对[J].教师教育研究,2009,21(2):28-32.

［37］郭晓晖.技术现象学视野中的人性结构——斯蒂格勒技术哲学思想述评［J］.自然辩证法研究,2009,25(7):37-42.

［38］吴国盛.技术释义［J］.哲学动态,2010(4):86-89.

［39］陈维维.技术现象学视野下的教育技术［J］.电化教育研究,2010(12):20-22,32.

［40］舒红跃.人在"谁"与"什么"的延异中被发明——解读贝尔纳·斯蒂格勒的技术观［J］.哲学研究,2011(3):93-100.

［41］余胜泉.技术何以革新教育——在第三届佛山教育博览会"智能教育与学习的革命"论坛上的演讲［J］.中国电化教育,2011(7):1-6,25.

［42］张秀华.工程技术哲学的走向与进展［J］.学习与探索,2011(5):29-32.

［43］张刚要,李建中.回到教育技术实践本身:一种现象学解读［J］.电化教育研究,2011(12):20-24.

［44］潘恩荣.技术哲学的两种经验转向及其问题［J］.哲学研究,2012(1):98-105,128.

［45］吴小鸥.教科书,本质特性何在?——基于中国百年教科书的几点思考［J］.课程·教材·教法,2012,32(2):62-68.

［46］叶晓玲,李艺.从观点到视角:论教育与技术的内在一致性［J］.电化教育研究,2012,33(3):5-9,43.

［47］石鸥,石玉.论教科书的基本特征［J］.教育研究,2012,33(4):92-97.

［48］石鸥,刘学利.教科书文本内容的构成［J］.教育学术月刊,2013(5):77-82.

［49］顾世春,文成伟.人—技术—世界:现象学技术哲学的理论源点［J］.北方论丛,2013(3):115-118.

［50］石鸥,刘学利.跌宕的百年:现代教科书发展回顾与展望［J］.湖南师范大学教育科学学报,2013,12(3):28-34.

［51］叶晓玲,李艺.论教育的"教育—技术"存在结构及其中的延异运动——基于技术现象学观点的分析［J］.电化教育研究,2013,34(6):5-10.

[52] 谭维智.教师到底应该因何施教——基于技术现象学视角的分析[J].
教育研究,2013,34(9):102-111.

[53] 孙智昌.教科书的本质:教学活动文本[J].课程·教材·教法,2013,
33(10):16-21,28.

[54] 石鸥,廖巍.教科书内容的确立与有效教学的风险[J].湖南师范大学
教育科学学报,2015,14(2):36-42.

[55] 孙玮.从新媒介通达新传播:基于技术哲学的传播研究思考[J].暨南
学报(哲学社会科学版),2016,38(1):66-75,131.

[56] 欧阳光明,骆月明.浅论斯蒂格勒的第三记忆[J].自然辩证法研究,
2016,32(2):51-55.

[57] 李新,石鸥.教学性作为教科书的根本属性及实践路径[J].课程·教
材·教法,2016,36(8):25-29.

[58] 张一兵,贝尔纳·斯蒂格勒,杨乔喻.技术、知识与批判——张一兵与
斯蒂格勒的对话[J].江苏社会科学,2016(4):1-7.

[59] 石鸥,张文.学生核心素养培养呼唤基于核心素养的教科书[J].课
程·教材·教法,2016,36(9):14-19.

[60] 陈明.教育现象学视角下的教育生活世界探讨[J].湖北社会科学,
2016(10):175-179.

[61] 胡翼青.为媒介技术决定论正名:兼论传播思想史的新视角[J].现代
传播(中国传媒大学学报),2017,39(1):51-56.

[62] 张一兵.信息存在论与非领土化的新型权力——对斯蒂格勒《技术与
时间》的解读[J].哲学研究,2017(3):103-109,129.

[63] 张一兵.回到胡塞尔:第三持存所激活的深层意识支配——斯蒂格勒
《技术与时间》的解读[J].广东社会科学,2017(3):37-46,254.

[64] 张一兵.人的延异:后种系生成中的发明——斯蒂格勒《技术与时间》
解读[J].吉林大学社会科学学报,2017,57(3):131-138,207.

[65] 张一兵.数字化资本主义与存在之痛——斯蒂格勒《技术与时间》的解
读[J].中国高校社会科学,2017(3):56-66,158.

[66] 张一兵.雅努斯神的双面:斯蒂格勒技术哲学的构境基础--《技术与时间》解读[J].山东社会科学,2017(6):17-24.

[67] 张一兵.资产阶级现代性:被重构的接受方式中的"我们"——斯蒂格勒《技术与时间》的解读[J].东岳论丛,2017,38(7):22-29.

[68] 张一兵.斯蒂格勒与他的《技术与时间》[J].河北学刊,2017,37(4):1-9.

[69] 张一兵.斯蒂格勒:西方技术哲学的评论——《技术与时间》解读[J].理论探讨,2017(4):57-63.

[70] 张一兵.好莱坞文化殖民的隐性逻辑——斯蒂格勒《技术与时间》的构境论解读[J].文学评论,2017(4):35-42.

[71] 张一兵.先在的数字化蒙太奇构架与意识的政治经济学——斯蒂格勒《技术与时间》的解读[J].学术月刊,2017,49(8):51-57,67.

[72] 石鸥.百年中国教科书的文化担当[J].教育科学研究,2017(11):93-96.

[73] 张一兵.义肢性工具模板和符码记忆中的先行时间——对斯蒂格勒《技术与时间》的解读[J].社会科学辑刊,2017(6):60-65.

[74] 陈明宽.论斯蒂格勒技术哲学中的后种系生成概念[J].科学技术哲学研究,2017,34(6):59-64.

[75] 张一兵.数字化资本:魔鬼般的象征符号——斯蒂格勒《技术与时间》的解读[J].哲学动态,2017(12):22-27.

[76] 张一兵.心灵无产阶级化及其解放途径——斯蒂格勒对当代数字化资本主义的批判[J].探索与争鸣,2018(1):1,4-13,141.

[77] 石鸥,张文.改革开放40年我国中小学教材建设的成就、问题与应对[J].课程·教材·教法,2018,38(2):18-24.

[78] 陈明宽.外在化的技术物体与技术物体的个性化——论斯蒂格勒技术哲学的内在张力[J].科学技术哲学研究,2018,35(3):63-69.

[79] 陈明宽.技术替补与技术文码化——斯蒂格勒技术哲学中的文码化思想分析[J].自然辩证法通讯,2018,40(6):128-134.

[80] 叶波.教科书本质:历史谱系与重新思考[J].课程·教材·教法,2018,38(9):75-79.

[81] 王润,张增田.数字教科书的问题诊断与防治路径[J].课程·教材·教法,2018,38(9):80-86.

[82] 赵长林,孙海生.教科书与意识形态再生产——对1949—2018年相关研究的回顾与省思[J].课程·教材·教法,2019,39(1):34-39.

[83] 王润,张增田.师生交往视角下的数字教科书价值与限度[J].河北师范大学学报(教育科学版),2019,21(1):112-117.

[84] 杨绪辉,沈书生.教师与人工智能技术关系的新释——基于技术现象学"人性结构"的视角[J].电化教育研究,2019,40(5):12-17.

[85] 石鸥.中小学教科书70年忆与思[J].湖南师范大学教育科学学报,2019,18(2):1-7.

[86] 陈文新,张增田.论数字教科书的三维风险[J].课程·教材·教法,2019,39(6):56-62.

[87] 吴冠军.速度与智能——人工智能时代的三重哲学反思[J].山东社会科学,2019(6):13-20,160.

[88] 侯前伟,张增田.教科书中"知识建构"质量的评价标准设计[J].湖南师范大学教育科学学报,2019,18(5):45-54.

[89] 石鸥,张美静.被低估的创新——试论教科书研制的主体性特征[J].课程·教材·教法,2019,39(11):59-66.

[90] 舒红跃,李早.斯蒂格勒"代具"技术理论探析[J].自然辩证法研究,2019,35(11):33-38.

[91] 张增田.超越经验与常识:教科书的教学性再认识[J].课程·教材·教法,2020,40(1):55-61.

[92] 刘志忠.现象学:教育技术研究的第三种范式[J].电化教育研究,2020,41(2):32-37,67.

[93] 邹红军,柳海民.斯蒂格勒论教育的本质、危机及其拯救[J].教育研究,2020,41(4):63-76.

[94] 石鸥,刘艳琳.试论教科书的求真和求善[J].课程·教材·教法,2020,40(6):37-45.

[95] 覃泽宇.论杜威的技术探究对教育研究的启示[J].中国电化教育,2020(7):45-50.

[96] 孙云霏.时间之维:论斯蒂格勒对数字文化工业的技术批判[J].上海文化,2020(8):47-56,125.

[97] 石鸥,张美静.新中国教科书多样化探索之路及未来展望[J].教育科学,2020,36(4):1-9.

[98] 韦妙,何舟洋.技术现象学视域下人工智能对教师角色的重塑[J].电化教育研究,2020,41(9):108-114.

[99] 邹红军."人的发明"的教育意蕴及其启示——斯蒂格勒技术哲学发微[J].湖南师范大学教育科学学报,2021,20(1):21-30.

[100] 张务农.论自然的技术及其教育技术理论价值[J].中国远程教育,2020(12):51-58.

[101] 薛寒,苏德."双师型"教师专业身份构建——基于技术哲学视角[J].教师教育研究,2021,33(1):22-27.

[102] 何孟珂,石鸥.第八届海峡两岸暨港澳地区教科书学术论坛综述[J].课程·教材·教法,2021,41(2):142-143.

[103] 张增田,陈国秀.论数字教科书开发的未来走向[J].课程·教材·教法,2021,41(2):37-42.

[104] 胡翌霖.技术作为人的器官——重建技术进化论[J].自然辩证法研究,2021,37(2):26-31.

[105] 仇晓春,肖龙海.现象学意向性转向及其教育技术研究方法论意义[J].电化教育研究,2021,42(5):14-19,69.

[106] 孙田琳子.论技术向善何以可能——人工智能教育伦理的逻辑起点[J].高教探索,2021(5):34-38,102.

[107] 石娟,石鸥.数字教科书研制的适用性困境与进路思考[J].课程·教材·教法,2021,41(8):51-55.

[108] 吴瑕.哲学取向的技术观及其对学校技术教育的影响[J].首都师范大学学报(社会科学版),2021(4):169-175.

[109] 刘璐璐,张峰.后疫情时代数字化生存的技术哲学思考[J].东北大学学报(社会科学版),2021,23(5):1-7.

[110] 张兔兔,张增田.中小学教材审定制度研究:国际经验与中国路径[J].课程·教材·教法,2021,41(10):51-58.

[111] 雷小青,覃圣云.高校教材数字化转型过程中的辩证思考[J].社会科学家,2021(11):146-150.

[112] 刘艳春,李峻.重回人类自由:埃吕尔的技术伦理思想探析[J].内蒙古社会科学,2021,42(6):54-61.

[113] 李子运."眼镜""锤子""电视":现象学视野中的教育技术[J].现代传播(中国传媒大学学报),2021,43(11):159-163.

[114] 钟岑岑,余宏亮.中小学数字教材研究20年:历程、特点与展望[J].教育科学,2021,37(6):54-61.

[115] 王康宁,于洪波."自我技术"视阈下的教育技术镜像与反鉴[J].国家教育行政学院学报,2021(11):69-77.

[116] 孙田琳子.人工智能教育中"人—技术"关系博弈与建构——从反向驯化到技术调解[J].开放教育研究,2021,27(6):37-43.

[117] 石君齐.技术之于儿童教育:意涵与解构——基于现象学视角的分析[J].开放教育研究,2021,27(6):44-52.

[118] 严功军,刘庆辉.技术促逼与场域重构:教育媒介化现象研究[J].中国编辑,2022(1):19-24.

[119] 沙沙.数字教材的边界问题分析及对策研究[J].课程·教材·教法,2022,42(2):67-72.

[120] 宋岭.杜威哲学中的具身化思想及其教育意蕴[J].教育学报,2022,18(1):33-43.

[121] 姜凯宜,于水.技术话语的历史时空:贝尔纳·斯蒂格勒的叙事之场[J].陕西师范大学学报(哲学社会科学版),2022,51(2):129-138.

[122]　武先云.技术、知识与人的解放——斯蒂格勒技术思想解读[J].云南社会科学,2022(2):41-49.

[123]　李润洲.技术时代教育哲学的技术观[J].中国电化教育,2022(4):79-84,92.

[124]　陈乐乐.教育学的身体面向及其道德教育启示[J].中国电化教育,2022(4):93-99.

[125]　郭文革,黄荣怀,王宏宇,贾艺琛.教育数字化战略行动枢纽工程:基于知识图谱的新型教材建设[J].中国远程教育,2022(4):1-9,76.

## 三、学位论文

[1]　单美贤.技术哲学视野下的技术教育化研究[D].南京:南京师范大学,2008.

[2]　张刚要.论教育哲学的技术向度[D].南京:南京师范大学,2015.

[3]　叶晓玲.技术"进入"教育的言与思[D].南京:南京师范大学,2013.

[4]　刘洋.马尔库塞科学技术思想研究[D].长春:吉林大学,2021.

[5]　赵庆波.海德格尔与福柯的技术虚无主义批判[D].济南:山东大学,2021.

[6]　郑艳艳.现代技术伦理的诠释学研究[D].大连:大连理工大学,2020.

[7]　廉佳.现代技术与身体关系的哲学研究[D].大连:大连理工大学,2020.

[8]　李晗佶.哲学视阈下的翻译技术研究:问题与对策[D].大连:大连理工大学,2020.

[9]　高慧琳.基于麦克卢汉媒介观的新媒介技术哲学研究[D].大连:大连理工大学,2020.

[10]　袁德公.现代人的技术化生存处境及其批判[D].长春:东北师范大学,2019.

[11]　高盼.现代性视域下当代技术风险问题研究[D].苏州:苏州大学,2017.

［12］ 赵志明.重新定义教科书［D］.长沙:湖南师范大学,2014.

［13］ 曹继东.现象学的技术哲学［D］.沈阳:东北大学,2005.

## 四、外文类

［1］ U. S. Department of Education Office of Educational Technology. Transforming American Education:Learning Powered by Technology ［DB/OL］. http://www. ed. gov/sites/defaultfiles/netp2010. pdf. 2012-01-12.

［2］ 新時代の学びを支える先端技術活用推進方策［EB/OL］. https://www. mext. go. jp/component/a_menu/other/detail/icsFiles. afieldfile/2019/06/24/1418387_02. pdf. 2020-08-21.